百姓养生菜

苦鸿 编著

团结出版社

图书在版编目（CIP）数据

百姓养生菜 / 苦鸿编著 . -- 北京 : 团结出版社，
2014.10（2021.1 重印）
　ISBN 978-7-5126-2348-4

　Ⅰ.①百… Ⅱ.①苦… Ⅲ.①保健－菜谱 Ⅳ.
① TS972.161

　中国版本图书馆 CIP 数据核字 (2013) 第 302575 号

出　　版：团结出版社
　　　　　（北京市东城区东皇城根南街 84 号　邮编：100006）
电　　话：（010）65228880　65244790（出版社）
　　　　　（010）65238766　85113874 65133603（发行部）
　　　　　（010）65133603（邮购）
网　　址：http://www.tjpress.com
E－mail：65244790@163.com（出版社）
　　　　　fx65133603@163.com（发行部邮购）
经　　销：全国新华书店
排　　版：腾飞文化
图片提供：邴吉和　黄　勇
印　　刷：三河市天润建兴印务有限公司

开　　本：700×1000 毫米　1/16
印　　张：11
印　　数：5000
字　　数：90 千字
版　　次：2014 年 10 月第 1 版
印　　次：2021 年 1 月第 4 次印刷

书　　号：978-7-5126-2348-4
定　　价：45.00 元

现代社会快节奏发展，人们的生活质量不断提高，也越来越注重养生，食疗养生逐渐变为人们极力推崇的一种养生方式。很多人喜欢到餐馆品尝美味小吃或是去吃快餐，然而这也不是长久之计，更不是一种健康的饮食方式。闲暇之余，不妨亲自下厨，做出一道道美味佳肴，既能体验做菜的乐趣，学得一手做菜的好手艺，又能尝到味道鲜美的菜肴，最重要的是能够吸收更多的营养，让身体变得更加健康。当你做出美味而又营养的佳肴，与家人一起围桌而坐，享受舌尖上的美味时，一定会感到温馨无比。

每一道菜都有不同的营养，我们应该学会合理地搭配，在做菜的过程中，你会了解到不同食材的营养功效。我们都知道，食物不仅能够促进人的身体发育和健康成长，也是治疗疾病的良方。中国有句老话叫作"药补不如食补"，我们可以通过做菜，合理搭配、科学摄取食物中的营养，享受做菜的乐趣，体验生活的丰富多彩，在平衡合理的饮食中调理身体。

为了能让大家有个健康的体魄，我们特别编辑了本书，划分了减肥美容、益智补脑、降压降脂等七大板块，结合常见疾病和日常生活中的常见食材，为您介绍各种菜品的制作方法和养生功效，通俗易学，适合各个年龄段的人。

 百姓养生菜

本菜谱菜式多样、图文并茂、制作精细，让您通过食疗养生，摄取身体所需的各种营养元素，预防和调理各种疾病，强身健体。吃得更健康、更科学、更有营养，拥有一个健康的身体，才能更好地学习、工作和生活。

由于编者水平有限，难免有纰漏之处，望广大读者见谅，也欢迎广大读者提出宝贵意见。

前言

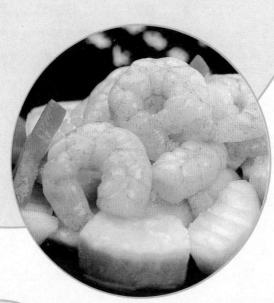

减 肥美容

白切猪肚 —— 2

泡椒炒鱿鱼 —— 3

芥末拌菠菜 —— 3

翡翠凤爪 —— 4

干煸冬笋 —— 5

猪肉炖豆腐 —— 5

老干妈煎苦瓜 —— 6

南瓜粉蒸肉 —— 7

麻辣土豆条 —— 7

蛋黄炖豆腐 —— 8

花生仁拌黄瓜 —— 9

清炒素腰花 —— 9

金针菇拌黄瓜 —— 10

芥蓝腊肉 —— 11

温拌蛎蝗 —— 11

炒合菜 —— 12

雪菜炒冬笋 —— 13

麻辣四季豆 —— 13

清蒸狮子头 —— 14

麻辣南瓜 —— 15

土豆小炒肉 —— 15

素炒豆芽 —— 16

椒麻鱿鱼花 —— 17

冬瓜双豆 —— 17

番茄菜花 —— 18

糖醋萝卜丝 —— 19

麻辣素鸡 —— 19

金银蒜蒸丝瓜 —— 20

生菜豆腐汤 —— 21

酿藕 —— 21

香菇蒸鸡翅 —— 22

白果拌百合 —— 23

干炒藕丝 —— 23

柠汁黄瓜 —— 24

目录

益 智补脑

京酱肉丝 —— 26

金玉满堂 —— 27

京葱炒烤鸭丝 —— 27

洋葱牛柳 —— 28

Contents

目录

黑胡椒爆羊肉 —— 29
干煸肉丝 —— 29
珍珠酥皮鸡 —— 30
桂花腐竹 —— 31
砂锅毛血旺 —— 31
双黄蛋皮 —— 32
酸菜炒肉丝 —— 33
麻辣猪肝 —— 33
香辣大虾 —— 34
松仁香菇 —— 35
青蒜炒肉 —— 35
火爆腰花 —— 36
香菇瘦肉锅 —— 37
香椿拌松花豆腐 —— 37

干锅蒜子鲶鱼 —— 38
炝油菜 —— 39
干锅兔 —— 39
重庆辣子鸡 —— 40
辣味香蛋 —— 41
铁锅泥鳅豆腐 —— 41
黄豆芽炒大肠 —— 42
金针菇拌火腿 —— 43
百合炒蚕豆 —— 43
陈皮萝卜煮丸子 —— 44
粉皮白肉 —— 45
毛豆炒香干 —— 45
鸽蛋烧蹄筋 —— 46

降 压降脂

橄榄菜四季豆 —— 48
香炒藕片 —— 49
豆腐蒸鱼片 —— 49
回锅肉炒蟹 —— 50
豆芽炒双丝 —— 51
松子香蘑 —— 51
火腿千张丝 —— 52
虾仁干贝粥 —— 53

辣椒炒香干 —— 53
青椒炒蛋 —— 54
虾仁蒸豆腐 —— 55
杜仲腰花 —— 55
姜丝炒兔丝 —— 56
金针菇氽肥牛 —— 57
豆腐烧鲫鱼 —— 57
油焖白菜 —— 58

Contents

老虎菜 —— 59

肚条烩腐竹 —— 59

清蒸茄子 —— 60

拌海蜇 —— 61

湘辣豆腐 —— 61

虾仁荬瓜 —— 62

豆瓣南瓜 —— 63

油焖茭白 —— 63

锅塌菠菜 —— 64

西蓝花烧豆腐 —— 65

皮蛋瘦肉粥 —— 65

蜜枣核桃 —— 66

海带肉卷 —— 67

炝黄瓜 —— 67

湘味小炒茄子 —— 68

蒜子炒牛肉 —— 69

三色蒸蛋 —— 69

泡椒魔芋 —— 70

养 颜抗衰

锅仔山珍猪皮 —— 72

西湖醋鱼 —— 73

肉蒸白菜卷 —— 73

红椒炒双蛋 —— 74

脆椒鸭丁 —— 75

翠绿茭白 —— 75

麻酱猪肝 —— 76

干豆角蒸肉 —— 77

香椿豆腐 —— 77

酸辣鸡腿丁 —— 78

香菇山药 —— 79

熘鱼片 —— 79

红烧排骨 —— 80

白胡椒猪蹄汤 —— 81

烩三丝海参 —— 81

菠萝咕咾肉 —— 82

红酒炖牛腩 —— 83

雪花菠菜 —— 83

粉丝蒸青蛤 —— 84

麻辣青笋尖 —— 85

炖牛蹄筋 —— 85

菠菜炖豆腐 —— 86

番茄黄豆牛腩 —— 87

苦去甘来 —— 87

卤味千层耳 —— 88

凉拌牛蹄筋 —— 89

目录

Contents

松仁玉米 —— 89
山药砂锅牛肉 —— 90
海米烩双耳 —— 91
炸熘茄子 —— 91

孜然鳝丝 —— 92
糖醋鲤鱼 —— 93
蒜子烧甲鱼 —— 93
鸡爪炒猪耳条 —— 94

健 脾养胃

虾仁煮干丝 —— 96
生煎鸡翅 —— 97
辣蒸萝卜牛肉丝 —— 97
糖醋藕排 —— 98
土豆南瓜炖排骨 —— 99
红烧狮子头 —— 99
水煮带鱼 —— 100
虾仁炒干丝 —— 101
鱼头汤 —— 101
麻辣鸡脖 —— 102
腊肉香干煲 —— 103
咸鱼蒸茄子 —— 103
猪血焖鸡杂 —— 104
蒜香肠片 —— 105
香辣土豆丁 —— 105
糖醋黄花鱼 —— 106
水炒鸡蓉菠菜 —— 107
肉末炒泡豇豆 —— 107
藕丝糕 —— 108

拔丝莲子 —— 109
姜爆鸭 —— 109
粉丝烩牛肉 —— 110
蛏干烧肉 —— 111
红烧牛肉 —— 111
辣椒炒鸡丁 —— 112
米粉蒸南瓜 —— 113
花生米胗花汤 —— 113
老干妈回锅鱼 —— 114
粉皮回锅鱼 —— 115
干煸鳝鱼丝 —— 115
香炸鱿鱼圈 —— 116
奶汁虾仁 —— 117
武汉豆皮 —— 117
虾皮炒韭菜 —— 118
香菇炒土豆条 —— 119
辣椒兔丝 —— 119
蒜茸蒸茄子 —— 120

Contents

 心 脑血管

子姜牛肉 —— 122

罗汉斋 —— 123

豉香鸡翅 —— 123

芥末扇贝 —— 124

酸辣肘子 —— 125

腐竹炒肉 —— 125

清蒸鳜鱼 —— 126

清炖排骨 —— 127

土豆烧牛肉 —— 127

春笋炒鸡蛋 —— 128

桂花南瓜 —— 129

黄瓜炒薯粉 —— 129

萝卜丝炖河虾 —— 130

干椒炒烫白菜 —— 131

芦笋炒腊肉 —— 131

铁锅黑笋小牛肉 —— 132

姜汁鸭掌 —— 133

红烧草鱼 —— 133

子姜剁椒嫩肉片 —— 134

葱油鲢鱼花 —— 135

大碗蒸鱼 —— 135

茼蒿炒笔管鱼 —— 136

芹菜炒牛肉 —— 137

板栗鲜笋肉 —— 137

干烧排骨 —— 138

功夫白菜 —— 139

干煸带鱼 —— 139

芦笋炒南瓜 —— 140

口蘑炒面筋 —— 141

板栗炖淡菜干 —— 141

花菇竹笋排骨汤 —— 142

花生仁拌芹菜 —— 143

味噌大头菜 —— 143

香辣猪皮 —— 144

 目录

 益 气补血

黄金山药条 —— 146

菠菜拌四宝 —— 147

芝麻里脊 —— 147

酸姜爆鸭丝 —— 148

Contents

红白豆腐 —— *149*

辣子羊里脊 —— *149*

炖羊蹄 —— *150*

炸牛蹄筋 —— *151*

干煎黄花鱼 —— *151*

炒鲜鱿鱼 —— *152*

卤猪肝 —— *153*

梅菜扣肉 —— *153*

干锅辣子鸡 —— *154*

开胃椒蒸猪脚皮 —— *155*

红烧大海螺 —— *155*

蚝油牛肉 —— *156*

咖喱牛腩 —— *157*

麻辣臭豆腐 —— *157*

家常烧鲤鱼 —— *158*

大蒜烧牛腩 —— *159*

粉蒸鳜鱼 —— *159*

糖醋苦瓜 —— *160*

清炒菠菜 —— *161*

酸菜煮豆泡 —— *161*

粉蒸芋头 —— *162*

爆炒猪肝 —— *163*

红焖肘子 —— *163*

红烧魔芋豆腐 —— *164*

油炸山药 —— *165*

西红柿腐皮 —— *165*

黑椒牛柳 —— *166*

Contents

减肥美容

白切猪肚

TIME 45分钟

菜品特点
口味鲜美

观赏享受：★★★
味觉享受：★★★
操作难度：★★★★

 **主料**：新鲜猪肚1只

 **配料**：青椒、红椒、黄椒各1个，大料2粒，白胡椒10粒，香芹1根，姜2片，沙姜豉油75克，生粉适量，精盐75克，葱1根，香菜少许

操作步骤

①新鲜猪肚去肥油，翻转后，仔细冲洗，再加入生粉、精盐，大力揉搓猪肚。

②将青椒、红椒、黄椒和葱切成细丝；香菜、香芹切小段；姜切丝备用。

③将洗净的猪肚放入已烧开的热水内，加入大料、白胡椒、姜丝，转用慢火煲40分钟至熟。

④稍凉后，切片上碟，并摆上青椒丝、红椒丝、黄椒丝、葱丝、姜丝、香芹段及香菜段，食用时可蘸沙姜豉油。

操作要领

猪肚的胆固醇含量很高，不宜多吃。

营养贴士

此菜具有美容润肤的功效。

视觉享受：★★★★ 味觉享受：★★★ 操作难度：★★★

泡椒炒鱿鱼

TIME 25分钟

菜品特点

味美肉鲜
爽口脆嫩

主料： 鱿鱼 300 克

配料： 木耳30克，泡椒少许，辣酱15克，葱1根，大蒜5瓣，油、精盐、鸡精、花椒、料酒各适量

操作步骤

①鱿鱼洗净后斜切"十字交叉刀"，再切成小块备用；木耳撕片；大蒜切片；葱切段。

②锅内放油，烧热后放入泡椒，接着加入花椒、蒜片、辣酱、葱段，继续炒至香味冒出；再加入料酒，炒数下后，加入鱿鱼，过一会儿加入木耳，待鱿鱼熟透加入精盐和鸡精，再翻炒几下，即可出锅。

操作要领

要用旺火热油爆炒，掌握好火候。

营养贴士

此菜具有美容减肥的功效。

主料： 菠菜 250 克

配料： 精盐5克，白醋、香油、芥末油各适量

操作步骤

①菠菜择好洗净，放入提前准备好的沸水锅中焯水，捞出后用凉水冲凉，控去水分。

②将处理好的菠菜放到碗中，加入精盐、白醋、芥末油和香油，拌匀即可。

操作要领

菠菜中草酸含量较高，焯的时间在 3 分钟左右为宜。

营养贴士

此菜具有美容减肥的功效。

视觉享受：★★★★ 味觉享受：★★★★ 操作难度：★★

芥末拌菠菜

TIME 10分钟

菜品特点

清菜可口

翡翠凤爪

TIME 20分钟

菜品特点
蒜香可口

- **主料:** 拆骨凤爪 200 克
- **配料:** 青椒、红椒各 50 克,植物油 20 克,清汤、芥末酱、蒜瓣、绍酒、卤汁、精盐、味精各适量

视觉享受: ★★★★
味蕾享受: ★★★★
操作难度: ★★★

 操作步骤

①将青、红椒去籽、蒂,洗净后切成三角块,下入沸水锅中焯熟,捞出备用;蒜瓣去皮,剁成蒜泥。

②净锅上火,倒入适量植物油,放入凤爪,再放入少量清汤、卤汁、绍酒,旺火烧沸,改用小火焖至凤爪熟烂,将蒜泥下锅,再下入精盐、味精调味,至汤汁黏稠时出锅装盘,挤上芥末酱。在盘边上围上青、红椒块即可。

操作要领
关火后,让鸡爪在汤汁中多熬一会儿,会更入味。

营养贴士
此菜具有清热解毒、润肤瘦身的功效。

视觉享受：★★★ 味觉享受：★★★★ 操作难度：★★

干煸冬笋

TIME 20分钟

菜品特点

鲜嫩爽脆

⊖ 主料： 冬笋 500 克

⊖ 配料： 青辣椒、红辣椒各少许，葱花 5 克，植物油 500 克，精盐 3 克，酱油、料酒各 10克，白糖、味精、芝麻油各适量

操作步骤

①将冬笋、青辣椒和红辣椒都切成条。

②炒锅置火上，倒入植物油，下冬笋条，煸炒至起皱时，放入青、红辣椒条，再烹入料酒，依次下精盐、酱油、白糖、味精，每下一样煸炒几下，放入芝麻油，炒转起锅，最后撒上葱花即可。

操作要领

煸炒冬笋要等到其表皮起皱时，再放入调料。

营养贴士

此菜能帮助消化，有减肥的功效。

⊖ 主料： 猪肉 150 克，豆腐 250 克，白菜150 克

⊖ 配料： 植物油 20 克，香菜段少许，料酒、精盐、酱油、味精、鲜汤、白砂糖各适量

操作步骤

①将豆腐切成方块；把猪肉切成长条状；白菜切片备用。

②炒锅置火上，放入植物油，油热后放入豆腐块，炸成金黄色，捞出沥油。

③锅内留底油，先下白砂糖炒至微红，再放入猪肉条翻炒片刻，然后放料酒、酱油，炒至肉块上色，再加入豆腐块、白菜、鲜汤、精盐和味精，烧开后改用小火炖 15~20 分钟。

④出锅后撒上少许香菜段即可。

操作要领

白菜本身含有水分，因此炖菜时不用放太多的水。

营养贴士

此菜具有补肾利水、美容瘦身的功效。

视觉享受：★★★ 味觉享受：★★★★ 操作难度：★★★

猪肉炖豆腐

TIME 25分钟

菜品特点

飘香可口

老干妈煎苦瓜

菜品特点
煎嫩难备

- **主料：** 苦瓜 150 克
- **配料：** 豆豉 15 克，油 20 克，芝麻 10 克，精盐 2 克，高汤适量，大蒜 4 瓣

操作步骤

①苦瓜对半剖开，挖去籽，洗净后切成条状，放入滚水中汆烫 1 分钟捞出备用；大蒜切片。

②锅置火上，倒入油烧至五成熟，放入苦瓜煎至表面金黄色时捞出备用；锅中留底油，大火烧至七成热，放入蒜片、豆豉煸炒出香味，然后放入苦瓜翻炒几下，加入精盐和高汤，烧开后转中小火焖 3 分钟至汤汁收干，撒入芝麻即可。

视觉享受：★★★★
味觉享受：★★★
操作难度：★★

操作要领

煎苦瓜的油不必特别多，差不多比平时炒菜的油多一点就好。

营养贴士

此菜具有消脂、减肥、排毒的功效。

视觉享受：★★★★ 味觉享受：★★★ 操作难度：★★★

南瓜粉蒸肉

TIME 60分钟

菜品特点
鲜香适口

- **主料**：五花肉 400 克，南瓜半个
- **配料**：蒸肉粉 2 盒，料酒、酱油各 15 克，甜面酱 20 克，辣椒酱、糖各 10 克，蒜末 10 克，葱花 5 克

操作步骤

①五花肉洗净，去皮，切成肉茸，放入料酒、酱油、甜面酱、辣椒酱、蒜末、糖、清水腌渍半小时。
②南瓜洗净，将瓜瓤刮净，切花边，放在蒸碗内。
③将蒸肉粉拌入五花肉中，均匀裹上一层后，将五花肉放在南瓜里，入锅以大火蒸半小时，出锅撒上葱花即可。

操作要领

蒸肉粉一定要与调味料混合后才入味，若只是干裹在外层，蒸好后肉外面是厚厚一层粉，不但易脱落，而且没味道。

营养贴士

此菜具有清心润肺、淡化色斑、美容护肤的功效。

- **主料**：土豆 300 克
- **配料**：青椒 1 个，植物油 20 克，精盐 3 克，葱花、大蒜、花椒面、辣椒面、味精、孜然粉各适量

操作步骤

①把土豆和青椒切成条；大蒜拍烂、切碎。
②锅置于旺火上，倒入植物油，将土豆条倒入锅中炸，待熟后，将土豆条和青椒条放入一个汤盆中，放入蒜碎、葱花、花椒面、辣椒面、精盐、味精、孜然粉，拌好即可。

操作要领

炸土豆时要注意翻动，不要炸糊。

营养贴士

此菜有去除多余脂肪、减肥美容的功效。

视觉享受：★★★ 味觉享受：★★★★ 操作难度：★★★

麻辣土豆条

TIME 15分钟

菜品特点
肥嘟美食

蛋黄炖豆腐

菜品特点
新鲜鹌鹑

➡ **主料：**豆腐 50 克，咸蛋黄 2 个

➡ **配料：**干香菇 1 个，姜 10 克，葱花、精盐、油各适量

视觉享受：★★★★
味觉享受：★★★★
操作难度：★★★

🍳 操作步骤

①豆腐切成小方块；咸蛋黄碾成泥；干香菇泡热水后切块备用；姜切成丝备用。

②在沸水锅中放入精盐、豆腐，煮约 1 分钟后装盘备用。

③锅中放油烧至温热，放入姜丝炒香，再放入香菇和咸蛋黄，不断翻炒，加水烧开。

④咸蛋黄炒成泡沫状时起锅浇到豆腐上，撒上葱花后即可。

🔥 操作要领

豆腐先用开水焯一下，会更加嫩滑。

👉 营养贴士

此菜具有瘦身的功效。

视觉享受：★★★ 味觉享受：★★★★ 操作难度：★★★

花生仁拌黄瓜

TIME 10分钟

菜品特点

清爽爽口

主料： 花生仁 250 克，黄瓜、油条各 30 克

配料： 香油 20 克，精盐 5 克，鸡精 3 克

操作步骤

①将泡好的花生仁放到沸水锅中，加入适量精盐煮熟，捞出晾凉；将黄瓜洗净切丁；油条切小块。

②将黄瓜丁和油条块放入盘中，加入适量的精盐和鸡精，然后加入花生仁，放上适量香油拌匀即可。

操作要领

花生仁的红衣营养丰富，最好不要去掉。

营养贴士

此菜具有降压、减肥的功效。

主料： 魔芋腰花 500 克

配料： 红椒 1 个，木耳、蚕豆各少许，油、葱末、姜末、精盐、糖、味精、水淀粉各适量

操作步骤

①魔芋腰花洗净，用沸水焯一下备用；木耳撕朵；红椒切菱形片；蚕豆洗净去皮掰开备用。

②起锅入油，加温至七成热时，放入葱、姜末爆香，倒入魔芋腰花、蚕豆、木耳和红椒片煸炒 2 分钟，加精盐、糖、味精炒匀，最后淋入水淀粉勾薄芡，出锅装盘即可。

操作要领

倒入魔芋腰花后，应将火调大。

营养贴士

此菜能帮助消化，有减肥的功效。

视觉享受：★★★★ 味觉享受：★★★ 操作难度：★★

清炒素腰花

TIME 20分钟

菜品特点

入口柔韧
香而不腻

TIME 8分钟

菜品特点
清爽可口

金针菇拌黄瓜

视觉享受：★★★★
味觉享受：★★★
操作难度：★★

➡ **主料**：罐装金针菇、黄瓜各 200 克
➡ **配料**：彩椒 2 个，精盐 5 克，味精 3 克，白糖、白醋、蒜末各少许

操作步骤

①打开金针菇罐头，将金针菇用沸水焯一下；将黄瓜、彩椒切丝。

②将金针菇、黄瓜丝、彩椒丝放入容器中，加精盐、味精、白糖、白醋、蒜末拌匀装盘即可。

操作要领

金针菇焯水时，时间不宜太长，应保持脆爽，以免塞牙。

营养贴士

此菜具有降压、降脂、降低胆固醇的功效。

视觉享受 ★★★★ 味觉享受 ★★★ 操作难度 ★★★

芥蓝腊肉

TIME 20 分钟

菜品特点
口感香滑

主料: 腊肉 (生)、芥蓝各 200 克

配料: 红辣椒 50 克, 大蒜 10 克, 鸡粉、精盐各 3 克, 淀粉、白砂糖各 5 克, 白酒 10 克, 植物油 20 克, 香油 3 克, 酱油 5 克

操作步骤

①腊肉去皮后切成薄片, 放进开水中煮 5 分钟后捞出; 芥蓝洗净放入开水锅中汆烫, 捞出备用; 红辣椒去籽切成辣椒圈; 蒜切片。

②炒锅中放入植物油烧热, 将蒜片、红辣椒爆香, 接着再加入腊肉片, 然后放入鸡粉、酱油、白酒、白砂糖、精盐, 加一点水, 用大火拌炒均匀, 最后以淀粉勾芡, 淋上香油即可。

操作要领

要用大火快炒, 并且加入适量的水。

营养贴士

此菜具有增进食欲、排毒减肥的功效。

主料: 牡蛎肉 300 克, 菠菜 150 克

配料: 红椒半个, 生抽、香油各 5 克, 白醋 3 克, 精盐 2 克, 味精 0.5 克

操作步骤

①将牡蛎肉洗净, 用开水烫至断生, 放入凉开水中浸凉后, 取出沥干; 菠菜切段后焯一下; 红椒切丁。

②将生抽、白醋、香油、精盐、味精一同放碗中拌匀, 浇在牡蛎肉和菠菜上搅拌一下, 再撒红椒即可。

操作要领

牡蛎一定要洗干净, 以免有沙粒。

营养贴士

此菜营养丰富, 有健肤美容的功效。

视觉享受 ★★★ 味觉享受 ★★★★ 操作难度 ★★

温拌蛎蝗

TIME 10 分钟

菜品特点
味道鲜美
牡蛎软嫩

炒合菜

菜品特点
色泽亮丽
美味可口

视觉享受：★★★★
味觉享受：★★★★
操作难度：★★

主料： 菠菜、粉丝各 100 克，豆芽 300 克，鸡蛋 3 个
配料： 植物油 20 克，精盐 5 克，葱末、姜末各 5 克，醋 5 克，生抽适量

操作步骤

①菠菜洗净，焯一下，切段；豆芽洗净；鸡蛋打入碗中，加少许醋搅匀；粉丝用温水泡软。

②锅置火上，倒入植物油，烧至五成熟，下鸡蛋来回搅动，炒至蛋液凝固时盛出。

③锅中留底油，放入葱末、姜末炒出香味，然后放入菠菜和豆芽翻炒几下，再放入炒好的鸡蛋和粉丝，加精盐和生抽调味即可。

操作要领

炒鸡蛋时加入几滴醋，炒出的蛋松软味香。

营养贴士

此菜具有止渴润肠、养颜美容的功效。

视觉享受：★★★★ 味觉享受：★★★ 操作难度：★★★

雪菜炒冬笋

TIME 10分钟

菜品特点
清爽可口
鲜香脆嫩

● **主料：** 冬笋 200 克，雪菜 100 克
● **配料：** 植物油 20 克，葱花、姜末各 5 克，料酒 15 克，精盐 5 克，味精、白糖各 3 克，淀粉、香油各适量

操作步骤

①将冬笋切大块，入水中浸泡 10 分钟；雪菜洗净，切成末。
②将泡好的冬笋放入沸水锅中焯透捞出；雪菜末入水焯制。
③锅中倒植物油加热，将葱花、姜末入油锅中爆香，烹入料酒，下入冬笋块和雪菜翻炒均匀，加入精盐、味精、白糖和水，用淀粉勾芡，淋入香油即可。

操作要领

要选优质的雪菜和冬笋，把握好火候。

营养贴士

此菜有减肥、瘦身的功效。

● **主料：** 四季豆 300 克
● **配料：** 干红辣椒 5 个，花椒 5 粒，蒜 5 瓣，油 20 克，精盐 5 克

操作步骤

①四季豆去蒂、筋，切段，洗净，放入开水中焯一下；干红辣椒切小段；蒜切碎。
②炒锅放油，油热后放干红辣椒、花椒、蒜炒一下，至辣椒变色，下四季豆翻炒，再加少许精盐翻炒，待四季豆表面褶皱即可。

操作要领

四季豆不容易入味，所以焯四季豆时放精盐，可以更入味。

营养贴士

此菜具有益气健脾、化湿美容的功效。

视觉享受：★★★★ 味觉享受：★★★ 操作难度：★★★

麻辣四季豆

TIME 15分钟

菜品特点
清爽可口

清蒸狮子头

TIME 80 分钟

菜品特点
清淡可口

→ 主料： 五花肉 300 克，油菜 100 克

← 配料： 熟猪油 50 克，马蹄 100 克，鸡蛋 1 个，料酒 15 克，精盐、胡椒粉、味精各 3 克，淀粉 10 克，枸杞 5 克，上汤 150 克

🍳 操作步骤

①鸡蛋打成鸡蛋液备用；马蹄切丁，五花肉切碎，倒入盆中，加精盐、料酒、胡椒粉、味精、鸡蛋液、淀粉搅匀，用手团成球状备用；油菜洗净纵向切开。

②烧热锅，下熟猪油，放入油菜煸至翠绿色，加精盐、适量上汤和味精，煮开关火取出，将油菜均匀地排列在大砂锅内，原汤倒入至砂锅下沿，放入枸杞。

③将狮子头放在油菜上面，盖上盖，隔水蒸 60 分钟取出即可。

🥢 操作要领

要想把狮子头做好，五花肉最好是三分肥、七分瘦。

👉 营养贴士

此菜具有补虚强身、滋阴润燥、丰肌泽肤的功效。

视觉享受：★★★★　味觉享受：★★★★　操作难度：★★

麻辣 南瓜

TIME 20分钟

菜品特点

麻辣爽口

- **主料：** 南瓜 750 克
- **配料：** 麻油、精盐、味精、白糖、酱油、醋、花椒粉各适量，葱花 5 克，红油少许

操作步骤

①南瓜去皮洗净，切成条，撒上精盐，腌渍约 5 分钟。

②将红油、精盐、味精、白糖、酱油、醋、花椒粉放入碗内，调匀成麻辣汁。

③炒锅置旺火上，放入清水烧沸，倒入南瓜条，捞出淋少许麻油拌匀晾凉，放入净盘内，拌上麻辣汁，撒上葱花即可。

操作要领

南瓜先要腌渍一会儿，既可初步入味，也会腌出部分水分。

营养贴士

此菜具有清心润肺、美容减肥的功效。

- **主料：** 土豆 1 个，瘦肉 500 克
- **配料：** 青椒、红椒各 50 克，大蒜 1 瓣，花生油 30 克，精盐、白糖、酱油各适量

操作步骤

①瘦肉切片；土豆与青、红椒切成菱形厚片；蒜切末。

②锅内放花生油，油热后，放入蒜末和青、红椒块翻炒；倒入瘦肉片，加入一匙白糖，倒入土豆块；依次加入精盐、酱油调味。

③盖上锅盖焖一会儿，即可出锅装盘。

操作要领

土豆片要用烧开的开水浸泡到半熟，口感才好。

营养贴士

土豆有很好的呵护肌肤、保养容颜的功效。

视觉享受：★★★　味觉享受：★★★★　操作难度：★★★

土豆 小炒肉

TIME 20分钟

菜品特点

香炒爽口

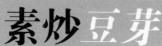
素炒豆芽

TIME 15分钟

菜品特点
微辣爽口
清新不腻

视觉享受：★★★
味觉享受：★★★★
操作难度：★★

主料： 豆芽菜 500 克

配料： 香芹 50 克，酱油 3 克，醋 5 克，植物油、精盐、鸡精、姜、蒜、花椒各适量

 操作步骤

①把豆芽菜洗净备用；香芹切成小段；姜、蒜切成末。

②把植物油烧热，放入花椒、姜、蒜煸炒一下，放入豆芽菜和香芹，用旺火快炒，八成熟时加入酱油、醋、精盐、鸡精，再快炒几下即可。

操作要领

豆芽不能炒得太烂，以免影响口感。

营养贴士

此菜具有清热解毒、减肥润肤的功效。

视觉享受：★★★ 味觉享受：★★★★ 操作难度：★★

椒麻鱿鱼花

TIME 15分钟

菜品特点

香麻爽口
清新不腻

主料： 鱿鱼 480 克

配料： 糖、胡椒粉各 3 克，醋、生抽各 10 克，葱花、姜末各 5 克，精盐 5 克，麻油 3 克，花椒 10 克

操作步骤

①鱿鱼洗净抹干，切十字花纹，再切成小块；将花椒捣成粉状，与糖、醋、麻油、生抽、葱花、姜末和少量开水混匀，制成椒麻汁备用。

②将鱿鱼用大孔笊篱盛着，放滚水中，至鱿鱼花微卷，取出沥干，放入少量精盐和胡椒粉拌匀。

③将鱿鱼花盛入盘子中，均匀淋上椒麻汁，撒上花椒粉、葱花即可。

操作要领

鱿鱼花略焯一下就可以了。

营养贴士

此菜具有排毒润肠、抗衰美容的功效。

主料： 冬瓜 200 克，青豆、黄豆各 50 克

配料： 胡萝卜 30 克，精盐 3 克，味精少许，生抽、油各适量

操作步骤

①黄豆、青豆洗净；胡萝卜去皮切丁；冬瓜去皮去子切丁；冬瓜、胡萝卜、青豆、黄豆焯一下，捞出沥水。

②锅内放油，加入冬瓜、胡萝卜、青豆、黄豆炒匀，加精盐、生抽、味精调味即可。

操作要领

黄豆需提前几小时浸泡。

营养贴士

此菜具有清热降火、消暑解毒、消渴利尿的功效。

视觉享受：★★★★ 味觉享受：★★★★ 操作难度：★★★

冬瓜双豆

TIME 15分钟

菜品特点

清淡爽口

TIME 10分钟

菜品特点
酸甜可口

番茄菜花

- **主料**：菜花 300 克，番茄 50 克
- **配料**：植物油 20 克，精盐、鸡精各 3 克，香油 5 克

视觉享受：★★★
味觉享受：★★★★
操作难度：★★

操作步骤

①将菜花洗净掰成小朵；番茄洗净切成块。

②将菜花放入开水中焯烫大约 2 分钟。

③锅中放植物油，待油热后放入番茄翻炒，出汁后放入菜花翻炒至熟，放精盐、鸡精和香油调味即可。

操作要领

菜花先焯一下，可减少翻炒时间。

营养贴士

此菜具有美容抗癌、健胃消食的功效。

视觉享受：★★★ 味觉享受：★★★ 操作难度：★★

糖醋萝卜丝

TIME 20分钟

菜品特点
酸甜可口

> **主料：** 红心萝卜 300 克
> **配料：** 白糖 15 克，白醋适量，鸡精、精盐、白芝麻各少许

操作步骤

①红心萝卜去皮，洗净后切成细丝。

②将切好的萝卜丝放在大碗中，加入白糖、白醋、鸡精、精盐腌 15 分钟，食用时撒上白芝麻拌匀装盘即可。

操作要领

切丝时，粗细可根据自己的喜好选择，粗一点的萝卜条也很有风味。另外，稍微加点精盐是为了能够提取萝卜的鲜味。

营养贴士

此菜具有促进体内脂肪分解、减肥美容的功效。

> **主料：** 素鸡 200 克
> **配料：** 酱油 5 克，味精 2 克，花椒、辣椒油、香油各适量，葱花少许

操作步骤

①素鸡洗净，入蒸锅蒸熟，取出切成块，装入盘中。

②将酱油、花椒、辣椒油、味精、香油在碗内调匀，再浇在素鸡上，撒上葱花即可。

操作要领

素鸡放在植物油中煎，味道更香。

营养贴士

此菜具有降血压、降血脂、健体瘦身的功效。

视觉享受：★★★★ 味觉享受：★★★★ 操作难度：★★

麻辣素鸡

TIME 30分钟

菜品特点
麻中带酸
爽口美味

金银蒜蒸丝瓜

视觉享受：★★★★
味觉享受：★★★
操作难度：★★★

TIME 20分钟

菜品特点
清淡爽口

主料： 丝瓜 200 克

配料： 红辣椒 1 个，大蒜 5 瓣，植物油适量，香油 5 克，精盐、白糖、味精各 3 克，淀粉少许

操作步骤

①丝瓜去皮切厚圆圈，按顺序摆入盘备用；蒜切成粒；红辣椒切小丁备用。

②烧锅下植物油，把一半蒜炸成黄色，捞起与另一半没炸的蒜和精盐、味精、白糖、淀粉拌匀撒到丝瓜上。

③蒸锅烧开水，放入摆好丝瓜的盘子，用大火蒸

6分钟后拿出，撒上红辣椒，淋上香油即可。

操作要领

蒸丝瓜的时间不用太长。

营养贴士

此菜具有美容减肥的功效。

视觉享受：★★★　味觉享受：★★★★　操作难度：★★

生菜豆腐汤

TIME 40分钟

菜品特点

清淡爽口

- **主料：** 豆腐200克，生菜100克
- **配料：** 木耳30克，精盐、葱花、油各适量

操作步骤

①把生菜叶洗净，切成条；豆腐切成方块；木耳切丝。

②锅内放水，加少许精盐，放入切好的豆腐煮沸，捞出放入盘中；锅内热油后加入葱花爆香，将豆腐放入锅内，加适量水，再放生菜、木耳煮沸，加入适量精盐即可。

操作要领

生菜放入后无需盖上盖子，这样生菜颜色可以保持绿色。

营养贴士

此菜有减肥瘦身、补虚养身的作用。

- **主料：** 鲜藕2节
- **配料：** 糯米100克，白糖、蜂蜜各适量

操作步骤

①将藕洗净，去藕节、皮；糯米淘净，浸泡20小时，洗净；白糖加水熬化，收浓汁后加入蜂蜜做成糖汁。

②藕段立放在案板上，把糯米灌入藕的孔内，将藕平放入笼内蒸熟，晾凉，用刀横切成1厘米厚的藕片，装入盘内，淋上糖汁即可。

操作要领

糯米要事先浸泡好；熬糖汁要用微火，火大易煳锅底。

营养贴士

此菜具有减肥润肤的功效。

视觉享受：★★★　味觉享受：★★★★　操作难度：★★★

酿藕

TIME 40分钟

菜品特点

香甜可口

香菇蒸鸡翅

TIME 150 分钟

菜品特点

味道鲜美

视觉享受：★★★
味觉享受：★★★★
操作难度：★★★★

> **主料**：鸡翅 500 克，香菇 75 克

> **配料**：黄酒 50 克，味精 2 克，精盐 5 克，胡椒粉 1 克，鸡汤 100 毫升，葱、姜各适量

操作步骤

①将鸡翅洗净，放入沸水锅内煮熟后捞出，去掉翅尖，剁成两段，去净骨，放入锅内；香菇洗净，放入蒸锅中；葱切段；姜切丝。

②锅内加入鸡汤，放入精盐、味精、黄酒、葱、姜调味。

③用浸湿的纸将锅口封严，蒸 2 小时，揭开纸，

去掉葱、姜，撒上胡椒粉即可。

操作要领

蒸这道菜时一定要将锅口封严。

营养贴士

此菜具有轻体瘦身、美容养颜的功效。

视觉享受：★★★★　味觉享受：★★★　操作难度：★

白果拌百合

TIME 10分钟

菜品特点
清淡爽口

● **主料：** 西芹150克，白果、百合各100克
● **配料：** 红椒20克，白糖15克，白醋15克，精盐5克，鸡精3克，花椒油少许

✂ 操作步骤

①白果处理干净备用；百合洗净；西芹洗净，切小段；红椒洗净，切菱形片。

②锅中烧开水，放入白果、百合、西芹焯熟，捞出过凉水，沥干水分。

③将西芹、白果、百合放入碗中，加入红椒、白糖、白醋、精盐、鸡精、花椒油，拌匀即可。

♨ 操作要领

各主料焯熟后，一定要过凉水，否则将失去爽脆口感。

👉 营养贴士

此菜具有清心润肺、美容护肤的功效。

● **主料：** 莲藕1节
● **配料：** 花椒少许，葱花5克，干辣椒2克，植物油、淀粉各适量，醋、酱油各5克，精盐4克，白糖2克

✂ 操作步骤

①莲藕去皮洗净切成丝，放入精盐水里浸泡15分钟左右，捞出冲洗干净后沥干水分，倒入淀粉拌匀；干辣椒切丝。

②热锅下植物油，至六成热时，下拌好淀粉的藕丝，炸至微硬时捞出；等油烧至七八成热，回锅再稍微炸一下，捞出沥油。

③锅内留少许底油，下干辣椒丝、花椒煸香，倒入藕丝，放入精盐、白糖、葱花，淋点醋和酱油后翻炒匀起锅。

♨ 操作要领

植物油必须多放些，炸的时候边炸边用筷子扒拉下，藕丝才不容易粘连在一起。最后一步翻炒一定要快，最好能先把调料调好。

👉 营养贴士

莲藕可保持脸部光泽，有益血生肌的功效。

视觉享受：★★★　味觉享受：★★★　操作难度：★★★

干炒藕丝

TIME 25分钟

菜品特点
口感香脆

柠汁黄瓜

视觉享受：★★★★
味觉享受：★★★
操作难度：★

菜品特点
色泽清新
最美开胃

**主料：**黄瓜200克，柠檬汁、鲜柠檬片各适量

配料：白糖15克，凉开水50克

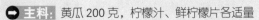

🌀 操作步骤

①新鲜的黄瓜洗净去蒂，去皮，切成长条。

②将黄瓜条放入盆中，加入白糖、柠檬汁、鲜柠檬片，再加入凉开水，泡2小时，捞起码入盘中即可。

🌀 操作要领

可用蜂蜜代替白糖，这样吃起来更营养、健康。

👉 营养贴士

此菜具有排毒减肥的功效。

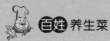

★★★★★

益智补脑

★★★★★

京酱肉丝

视觉享受：★★★★
味觉享受：★★★
操作难度：★★★

TIME 40分钟

菜品特点
味道香浓
回味悠长

主料： 猪瘦肉300克，葱30克

配料： 植物油20克，甜面酱15克，酱油5克，精盐6克，味精3克，生粉适量

操作步骤

①猪瘦肉洗净切成丝，加生粉、精盐腌渍；葱洗净切成细长丝。

②锅置火上，下植物油烧热，下入肉丝炒至变白，放入葱白丝，加入甜面酱、酱油、精盐、味精炒匀即可装盘，再在上面撒一点葱叶丝即可。

操作要领

甜面酱本身有咸味，炒的时候一定要酌情放盐。

营养贴士

此菜具有益智补脑的功效。

视觉享受：★★★★ 味觉享受：★★★ 操作难度：★★★

金玉满堂

TIME 20分钟

菜品特点

香甜清脆

主料： 玉米粒 300 克，黄瓜 1 根，圣女果 2 个，香菇 1 朵，面筋、花生米各少许

配料： 植物油 15 克，味精 2 克，白糖 10 克，水淀粉 10 克，精盐 3 克，香油 3 克

操作步骤

①将玉米粒洗净沥干；半根黄瓜、面筋、香菇、圣女果切丁；将剩余的半根黄瓜中部掏空做成船形，放于盘中备用。

②炒锅中加适量水，置于旺火上烧沸，将玉米粒、花生米、香菇下入沸水锅中焯水，捞出，沥干水分。

③洗净炒锅，重置火上烧热，倒入植物油，待油温升至七八成热时，下入玉米粒、黄瓜丁、花生米、面筋丁、香菇丁，翻炒几下，下入精盐、白糖、味精翻炒均匀，将火调旺，用水淀粉勾芡，淋香油，出锅装到盘中的空心黄瓜中，再撒上圣女果丁即可。

操作要领

玉米粒、花生米、香菇焯水时要多烫一会儿。

营养贴士

此菜具有健脑补脑的功效。

主料： 烤鸭肉 200 克，京葱 100 克

配料： 油 20 克，精盐 6 克，味精 3 克，甜面酱、黄酒、水淀粉各适量

操作步骤

①烤鸭肉切成丝；京葱洗净，葱白切成丝，均匀地摆在盘子中，葱叶切丝备用。

②锅置火上，放入油烧热，加甜面酱、黄酒搅匀，放入烤鸭丝，加精盐、味精调好味，用水淀粉勾芡，翻炒均匀后倒入盘中，再放一点葱叶丝即可。

操作要领

烤鸭肉连皮一起烹调，味道更好。

营养贴士

此菜具有益智补脑的功效。

视觉享受：★★★★ 味觉享受：★★★ 操作难度：★★★

京葱炒烤鸭丝

TIME 40分钟

菜品特点

味道香浓

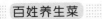

洋葱牛柳

TIME 40 分钟

菜品特点
香辣可口

视觉享受：★★★★
味觉享受：★★★
操作难度：★★★

● **主料：** 牛里脊肉 300 克，青椒、红椒、洋葱各 1 个
● **配料：** 精盐 5 克，味精 3 克，水淀粉 10 克，植物油 800 克（实耗 25 克），老抽适量

操作步骤

①将牛里脊肉冲洗干净，除去表皮黏液及血污，切成片；青、红椒及洋葱切成细丝。

②将切好的牛里脊肉用少许精盐和老抽腌 30 分钟备用；把腌好的牛里脊肉放入五成热的油锅中滑油。

③净锅放油，放入牛里脊肉、青椒、红椒和洋葱，加入精盐、老抽、味精等调味料，滑炒，出锅前

用水淀粉勾芡，起锅盛入盘中即可。

操作要领

牛肉一定要切均匀些，滑油时速度一定要快，以防肉质变老。

营养贴士

此菜具有开胃消食、益智健脑的功效。

视觉享受：★★★★　味觉享受：★★★　操作难度：★★★

黑胡椒爆羊肉

TIME 20分钟

菜品特点
香味浓郁
回味无穷

主料： 羊肉 300 克，洋葱半个，青椒、红椒各 1 个

配料： 酱油、蚝油各 15 克，淀粉 5 克，植物油、花椒、蒜末、料酒、黑胡椒末各少许，精盐、香油各适量

操作步骤

①将羊肉洗净切片，加入花椒、精盐等稍微腌渍一会儿；余下的主料洗净切丝。

②热锅下植物油，爆炒羊肉至八成熟，盛出备用；淀粉做成芡汁备用。

③热锅下植物油，爆香黑胡椒末及蒜末，羊肉与其余的主料回锅翻炒，炒匀，淋少许料酒，放入酱油，淋少许蚝油，倒入芡汁，淋香油即可。

操作要领

羊肉片滑油时间不宜太长。

营养贴士

此菜具有养胃健胃、补肝补脑的功效。

主料： 瘦肉 400 克

配料： 芹菜 1 棵，生姜 1 块，干辣椒 15 个，油 200 克（实耗 30 克），料酒 15 克，胡椒粉、精盐各 5 克，花椒、白芝麻各 5 克，味精 3 克

操作步骤

①将瘦肉洗净切成细丝；芹菜、干辣椒洗净后切段；生姜洗净切丝。

②将肉丝装入碗中，加入料酒、精盐、胡椒粉腌渍约 5 分钟。

③锅中放油，烧至五成热后，下入肉丝炸至金黄色后，捞起沥油。

④锅内留底油，放入干辣椒、花椒、姜丝爆香，再加入肉丝和芹菜，再加入精盐和味精煸炒入味，装盘后撒上白芝麻即可。

操作要领

肉丝一定要炸干后才能煸炒入味。

营养贴士

此菜具有健脑补脑的功效。

视觉享受：★★★★　味觉享受：★★★　操作难度：★★★

干煸肉丝

TIME 25分钟

菜品特点
咸香可口

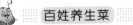

珍珠酥皮鸡

TIME 40分钟

菜品特点

鲜香可口

视觉享受：★★★
味觉享受：★★★★
操作难度：★★★

主料： 鸡肉200克

配料： 面包粉、土司各30克，鸡蛋1个，精盐少许，胡椒粉1克，酱油、料酒各5克，蒜茸10克，干细豆粉50克，植物油1000克（约耗70克），白萝卜丝少量

操作步骤

①土司切成很小的颗粒；鸡蛋与干细豆粉调成蛋糊；鸡肉切成大块，放入精盐、酱油、料酒、胡椒粉、蒜茸腌渍10分钟。

②将鸡块裹上一层蛋糊，再沾上土司颗粒，撒上面包粉。

③锅置中火上，烧植物油至五成热，放入鸡块炸至表皮金黄酥香，捞出装盘，撒入白萝卜丝装饰即可。

操作要领

鸡肉上的蛋糊要裹饱满，以便土司颗粒沾得更均匀。

营养贴士

此菜具有开胃健脾、益智补脑的功效。

视觉享受：★★★ 味觉享受：★★★★ 操作难度：★★★

桂花腐竹

TIME 20 分钟

菜品特点
甜香爽口

主料： 腐竹 300 克，鸡蛋 2 个
配料： 葱花 30 克，植物油 20 克，精盐 5 克，鸡精 3 克，糖桂花 2 克，姜末适量

操作步骤

①腐竹泡发后切成细丝。
②炒锅置旺火上，注入植物油，烧至八成热，下入姜末、腐竹丝、鸡精和精盐，加点水烧制；待烧开后，用微火焖干汤汁，倒在碗中，磕入鸡蛋，放入精盐和糖桂花搅匀。
③炒锅置旺火火，放植物油，油热后倒入搅好的食材炒熟，盛在盘中，撒上葱花即可。

操作要领

腐竹一定要泡发完全。

营养贴士

此菜具有健脑益脑的功效。

主料： 鸭血 500 克，鳝鱼、熟肥肠各 100 克，火腿肠、毛肚各 150 克
配料： 黄豆芽 50 克，葱末、姜片各 10 克，干红辣椒 20 克，豆瓣酱 20 克，油 20 克，鸡精 3 克，白糖、精盐各 5 克，料酒 10 克，醋 5 克，骨头汤适量

操作步骤

①将鸭血、熟肥肠、火腿肠切片；鳝鱼切长段；毛肚切丝。
②锅中加油烧热，放入干红辣椒、豆瓣酱、姜片，煸炒至出香味时，倒入骨头汤备用。
③将处理好的鸭血、鳝鱼、毛肚用开水汆烫一遍，然后连同火腿肠、熟肥肠、黄豆芽一起放入制好的汤内，加入精盐、鸡精、白糖、料酒、醋调味，大火烧开，待原料熟透后装入容器中，撒上葱末。
④重新起锅热油，放入干红辣椒，迅速浇在碗中即可。

操作要领

所有食材焯烫一下才能保证汤的鲜亮。

营养贴士

此菜具有补血、健脑、降压的功效。

视觉享受：★★★ 味觉享受：★★★★ 操作难度：★★★

砂锅毛血旺

TIME 30 分钟

菜品特点
味道鲜辣

双黄蛋皮

TIME 20分钟

菜品特点
把瓜蔬菜
味醇香衣

视觉享受：★★★★
味觉享受：★★★★
操作难度：★★

○ **主料：** 鸡蛋2个，咸鸭蛋4个，松花蛋3个
○ **配料：** 姜汁10克，精盐、鸡精各3克，面粉适量

🔄 操作步骤

①鸡蛋磕入碗中，加入鸡精、姜汁、精盐、面粉、水打散，放入不粘锅中小火摊成薄薄的蛋饼，取出晾凉，共摊成两张。

②咸鸭蛋去壳取黄，捏碎；松花蛋去壳，捏碎。

③蛋饼在案板上铺平，先将咸蛋黄放在里侧慢慢卷紧，中途再放松花蛋卷在一起，照此方法制作另一张蛋卷。

④蛋卷放入盘中，蒸锅水开后放入锅内，大火蒸

2分钟，转小火蒸1分钟，出锅晾凉，食用时切成小段摆盘即可。

🔄 操作要领

注意不要选择腌制时间太长的咸鸭蛋，否则蛋黄出油多，不易制作。

👉 营养贴士

此菜具有滋阴润燥、养心安神、益智补脑的功效。

视觉享受：★★★ 味觉享受：★★★ 操作难度：★★

酸菜炒肉丝

TIME 15分钟

菜品特点

口感香浓

> **主料：** 酸菜、里脊肉各100克
> **配料：** 油30克，精盐、糖各2克，姜3克，胡椒粉3克，料酒10克，葱花少许

操作步骤

①酸菜用清水洗几遍，挤干水分后切丝；里脊肉切丝，用料酒、胡椒粉、精盐抓匀腌渍一会儿；姜切片。
②油锅中放入姜片、葱花爆香，倒入肉丝，炒至变色后盛出备用。
③另起油锅，倒入酸菜炒出香味，倒入肉丝炒匀，并加少许糖调味即可。

操作要领

酸菜本身有咸味，不用另外加盐。

营养贴士

此菜具有健脑抗癌的功效。

> **主料：** 猪肝200克
> **配料：** 精盐3克，酱油3克，醋5克，辣椒油、香油、葱、姜各适量，大料、花椒各少许

操作步骤

①猪肝洗净；葱一部分切成5厘米长的葱段，另一部分切成葱花；姜切片。
②锅内放水烧开，放入猪肝，再加上大料、花椒、葱段、姜片，煮至猪肝熟透。
③将煮好的猪肝放凉、切片，摆在盘子中；将酱油、香油、辣椒油、醋、精盐拌匀，浇在猪肝上，撒点葱花即可。

操作要领

猪肝一定要完全煮熟。

营养贴士

此菜具有补血明目、益智健脑的功效。

视觉享受：★★★ 味觉享受：★★★★ 操作难度：★★

麻辣猪肝

TIME 15分钟

菜品特点

麻辣爽口

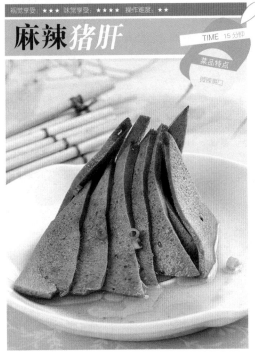

香辣大虾

视觉享受：★★★★
味觉享受：★★★★
操作难度：★★★

● 主料： 海虾 300 克
● 配料： 植物油 500 克，辣酱 10 克，生抽 15 克，糖、精盐各 5 克，料酒 30 克，干辣椒适量，葱花、姜末、蒜片各少许

 操作步骤

①海虾清洗干净，由头部开一个小口取出沙包，再将虾背划开，抽出虾线，加入料酒腌渍片刻。
②锅中倒入植物油，能没过虾为宜，约七成热时放入虾，炸透变红即可捞出。
③锅中倒入适量炸过虾的油，放入葱花、姜末、蒜片、干辣椒爆香，再加入辣酱炒匀，倒入炸过的虾，放入生抽、糖、精盐翻炒均匀出锅即可。

操作要领

虾一定要清理干净，并用料酒腌渍片刻。

营养贴士

此菜具有养血健脑的功效。

视觉享受：★★★★ 味觉享受：★★★ 操作难度：★★★

松仁香菇

TIME 20分钟

菜品特点

香味浓郁

⊙ **主料：** 泡发香菇 300 克，松仁 60 克
⊙ **配料：** 植物油 400 克（约耗 45 克），味精 2 克，白糖 10 克，精盐 5 克，香油、酱油各 5 克

操作步骤

①锅放火上，倒入植物油，烧至五六成热，将香菇过油，使一部分水分受热溢出，再捞出沥油；取白色的松仁适量，放入温油中炸熟捞出；用勺按挤香菇，将香菇里的油汁尽量挤出，以便入味。
②锅中留下余油，放入香菇不断翻炒，放精盐、酱油、白糖，加上适量的清水，旺火烧开，改用中火烧透，再下味精、松仁翻炒，收汁，放香油，起锅装盘，冷却后即可食用。

操作要领

火力不宜大，以使其入味，汤汁自然浓稠，口味不宜重，以免压住香菇的鲜味。

营养贴士

此菜具有补气养血、健脑补脑的功效。

⊙ **主料：** 猪瘦肉 200 克，青蒜 100 克
⊙ **配料：** 精盐 8 克，料酒 8 克，味精 5 克，淀粉 4 克，油 20 克

操作步骤

①淀粉放碗内加水调成湿淀粉备用。
②将猪瘦肉切细长丝，加少许精盐、湿淀粉拌匀；青蒜洗净，切成长段。
③用料酒、精盐、味精、湿淀粉调成汁。
④炒锅内倒油，烧热，把肉丝放进炒锅内炒散，放青蒜稍炒，烹入调好的汁，汁收浓上碟即可。

操作要领

在实际操作过程中，要根据青蒜的辛辣程度来搭配各主配料相应的分量，否则会因为青蒜过辣而影响整道菜的口感。

营养贴士

此菜具有益智健脑的功效。

视觉享受：★★★★ 味觉享受：★★★★ 操作难度：★★

青蒜炒肉

TIME 20分钟

菜品特点

清新味美

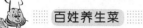

火爆腰花

TIME 30 分钟

菜品特点
口感脆爽
味道鲜美

➡ **主料:** 猪腰 2 个

➡ **配料:** 豆豉 15 克，料酒、姜片、姜末、蒜片、干辣椒、精盐、葱各适量

🍳 操作步骤

①猪腰切开，去掉里面的白膜，然后放清水中浸泡出血水；葱切段备用；干辣椒切段备用。

②泡好的猪腰打十字花刀，切好备用。

③锅中放水烧开，加入姜片和料酒，下腰花烫至变色后捞出备用。

④热油爆香姜末、蒜片，下入干辣椒段，再加入腰花、葱段同炒。

⑤加入料酒、豆豉炒匀，起锅前加入精盐即可。

视觉享受: ★★★
味觉享受: ★★★★
操作难度: ★★

🥄 操作要领

用清水浸泡腰花时，期间多换几次水，确保异味去净。

☞ 营养贴士

猪腰含有蛋白质、脂肪、碳水化合物、钙、磷、铁和维生素等，有健脑补脑、和肾理气之功效。

视觉享受：★★★　味觉享受：★★★★　操作难度：★★★

香菇瘦肉锅

TIME 20分钟

菜品特点
味道鲜香

主料： 香菇5朵，瘦肉300克

配料： 粉丝50克，菜花1/4棵，甜豆适量，姜片3片，香菜1棵，精盐5克，胡椒粉少许

操作步骤

①香菇去蒂泡软备用；瘦肉切厚片；粉丝泡软；菜花撕小朵；香菜切段；甜豆切段备用。

②锅内加水，烧开后先放入香菇与姜片，煮至味道溢出；再放入瘦肉、粉丝、菜花和甜豆，以小火煮8分钟；最后加入精盐、胡椒粉调味；出锅后撒上香菜即可。

操作要领 ◀◀◀

要先放入香菇，煮一会儿再放其他材料。

营养贴士

此菜具有抗癌、益智的功效。

主料： 香椿80克，松花蛋2个，豆腐150克

配料： 味极鲜、白醋、香油、花椒油各适量，姜汁15克，精盐5克，鸡精3克

操作步骤

①松花蛋剥皮切成小块；香椿切碎；豆腐切成小块。

②取一个小碗，放入味极鲜、白醋、香油、姜汁、花椒油、鸡精、精盐调成汁。

③松花蛋、豆腐、香椿放入盘内，淋入味汁拌匀即可。

操作要领 ◀◀◀

此菜中加入姜汁，可去除一部分松花蛋的土腥气。

营养贴士

此菜营养丰富，富含人体所需的多种营养成分，具有益智健脑的功效。

视觉享受：★★★　味觉享受：★★★　操作难度：★★

香椿拌松花豆腐

TIME 10分钟

菜品特点
软嫩鲜香
入口即化

干锅蒜子鲶鱼

视觉享受：★★★
味觉享受：★★★★
操作难度：★★★

菜品特点
蒜辣爽口
味道鲜香

➡ **主料**：鲶鱼1条

🔄 **配料**：灯笼干辣椒10个，植物油500克，酱油、醋各10克，糖10克，鸡精3克，蒜10瓣，花椒10粒，料酒20克，豆豉、姜汁、清汤、精盐、葱末各适量

操作步骤

①鲶鱼去内脏及鳃，斩去鱼头，切小段，仔细清洗鲶鱼的黏液；用酱油、料酒、姜汁、醋、糖加少许清汤兑成一碗料汁备用；葱切小段备用；蒜切块备用。

②锅中放植物油，将洗净的鲶鱼煎至两面微黄，捞出备用。

③锅中留底油，放入花椒、灯笼干辣椒炸香，放入蒜块爆香，放入鲶鱼，倒入料汁和豆豉，待汤滚起后改小火焖煮10分钟左右后放入精盐，开大火收汁，汁浓稠时放入鸡精和葱段，即可起锅。

操作要领

因有油炸过程，故需要多准备植物油。

营养贴士

此菜具有健脑益智的功效。

视觉享受：★★★ 味觉享受：★★★ 操作难度：★★

炝油菜

TIME 8分钟

菜品特点
清香脆嫩
鲜香适口

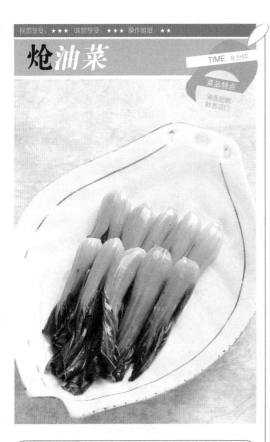

主料： 油菜 400 克
配料： 油、精盐、鸡精各适量

操作步骤

①洗净油菜，如果菜心比较大可以从根部纵向切一刀，沥干油菜里面的水。
②锅内加油烧热，油菜下锅，注意菜根部抵火旺的锅中心，旺火快炒至三成熟，大约需要 1 分钟。
③在菜根部撒上精盐，翻炒一下，至七成熟的时候加鸡精起锅即可。

操作要领 ◀◀◀

炒的时间不宜过长，否则叶子会发黄。

营养贴士

此菜具有排毒防癌、益智健脑的功效。

主料： 兔肉 300 克，冬笋 100 克
配料： 色拉油 300 克，精盐 5 克，鸡精 3 克，干辣椒 5 个，料酒、生抽、花椒、姜、葱、蒜各适量

操作步骤

①兔肉洗净，切块，焯水，加入精盐、料酒、花椒腌渍片刻；冬笋切片；干辣椒切长段；葱切长段；姜、蒜切片。
②起锅，倒入色拉油，将兔肉下锅，炸至外酥里嫩且熟时捞出。
③炒锅置火上，倒入色拉油烧热，投入干辣椒段、花椒、姜片、蒜片、葱段炝香，加入兔肉，翻炒几下，再加入冬笋，翻炒几下，加鸡精、生抽起锅。

操作要领 ◀◀◀

做兔肉前应先腌渍，可以去腥味。

营养贴士

此菜具有补钙防癌、补脑益智的功效。

视觉享受：★★★ 味觉享受：★★★★ 操作难度：★★★

干锅兔

TIME 35分钟

菜品特点
口味香浓

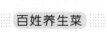

重庆辣子鸡

视觉享受：★★★★
味觉享受：★★★
操作难度：★★★

TIME 30分钟

菜品特点
口味香浓

● 主料：鸡腿肉 300 克
● 配料：干红辣椒 100 克，料酒 10 克，精盐、白糖各 5 克，熟芝麻 5 克，味精 2 克，油 200 克，葱、姜、蒜、花椒各适量

操作步骤

①将鸡腿肉洗净，切成块，加入精盐和料酒拌匀，腌渍片刻；葱切成长段；姜、蒜切片。

②油锅烧热，放入鸡块，炸至外表变干呈深黄色后捞起备用。

③锅里留底油，烧至七成热，倒入姜片、蒜片，炒出香味后，倒入干红辣椒和花椒，翻炒至气味开始呛鼻后倒入炸好的鸡块，翻炒均匀，撒入葱段，加味精、白糖、熟芝麻，炒匀后起锅即可。

操作要领

腌渍时往鸡肉里多撒点精盐，因为炒鸡肉的时候鸡肉的外壳已经被炸干，此时放盐不易入味。

营养贴士

此菜具有防癌、健脑的功效。

视觉享受：★★★★ 味觉享受：★★★ 操作难度：★★

辣味香蛋

TIME 20分钟

菜品特点
口味香浓

主料： 鸡蛋 3 个，笋 100 克，水发木耳、芹菜各 50 克

配料： 精盐 3 克，色拉油 20 克，绍酒 10 克，酱油 5 克，葱花 5 克，精盐 5 克，红辣椒 2 个，胡椒粉适量

操作步骤

①将鸡蛋打在碗中，打散后加少许绍酒、精盐、胡椒粉调味；笋、水发木耳、红辣椒切细丝；芹菜切段。

②锅烧热，放入少许色拉油转匀，放入鸡蛋液，摊熟捞出备用。

③锅内倒色拉油，放葱花爆香，放入笋丝、木耳丝、芹菜段、红辣椒丝，炒匀，加入摊好的鸡蛋，烹入少许酱油和精盐，盖上盖，小火焖半分钟即可。

操作要领

鸡蛋液入锅后，要用锅铲迅速炒散。

营养贴士

此菜具有健脑、抗癌的功效。

主料： 泥鳅、豆腐各 250 克

配料： 姜片 3 片，香菜 1 棵，油 20 克，精盐 5 克，胡椒粉 3 克

操作步骤

①泥鳅撒少许精盐，腌渍 10 分钟后，用剪刀剪开泥鳅的肚子，清理干净肠子和其他杂物，洗净，沥干水分；豆腐切块；香菜切末备用。

②油锅烧热，下姜片和泥鳅，将泥鳅煎至两面金黄后加水，大火煮开，至汤发白，转至中小火，继续炖 30 分钟，加豆腐块后，下精盐和胡椒粉调味，再炖 10 分钟，撒香菜即可。

操作要领

一定要将泥鳅洗干净，防止有土腥味影响口感。

营养贴士

此菜具有强身健体、益智补脑的功效。

视觉享受：★★★★ 味觉享受：★★★ 操作难度：★★

铁锅泥鳅豆腐

TIME 60分钟

菜品特点
口味鲜香

黄豆芽炒大肠

视觉享受：★★★★
味觉享受：★★★
操作难度：★★★

TIME 20 分钟

菜品特点
口味鲜香

● 主料： 猪大肠 200 克，豆芽 250 克

● 配料： 菠菜 1 棵，红椒 1 个，植物油 20 克，精盐 5 克，生抽 5 克，鸡精 3 克，料酒 10 克，葱花、姜片、蒜碎各适量，香油少许

操作步骤

①猪大肠仔细揉搓、清洗，放到锅中煮至八成熟，捞出切段，用料酒、姜片腌渍；红椒切丝；菠菜切段。

②锅中放植物油烧热，下葱花、蒜碎炝锅，下入猪大肠爆炒片刻，再放入豆芽、菠菜和红椒，翻炒至豆芽断生，调入精盐、鸡精、生抽、料酒，

淋入香油即可出锅。

操作要领

猪大肠一定要仔细清洗干净。

营养贴士

此菜具有开胃健脾、益智补脑的功效。

视觉享受：★★★★ 味觉享受：★★★ 操作难度：★★

金针菇拌火腿

TIME 10分钟

菜品特点

清爽可口

> **主料：** 金针菇 100 克，火腿、芹菜、水发木耳各 50 克
>
> **配料：** 料酒 8 克，酱油、醋各 6 克，鸡精 2 克，香油 3 克，精盐 3 克

操作步骤

①将火腿切成细条；水发木耳切成丝；芹菜洗净切成段；金针菇洗净用沸水焯烫至熟。

②将金针菇、木耳、芹菜、火腿放入盘中，加入精盐、鸡精、料酒、酱油、醋拌匀，淋入香油即可。

操作要领

金针菇要选新鲜的。

营养贴士

此菜具有益智健脑的功效。

> **主料：** 嫩蚕豆 300 克，鲜百合 50 克
>
> **配料：** 红椒半个，水发木耳 30 克，油 20 克，鸡精、精盐各 3 克，料酒 10 克，水淀粉、姜各适量

操作步骤

①取鲜百合洗净；嫩蚕豆去皮取豆瓣；水发木耳切片；红椒切斜段；姜洗干净，切成片。

②锅内添清水，水沸后分别将百合和蚕豆焯水，捞出备用。

③锅内放油，入姜片，炒出香味后，放入百合、蚕豆瓣、木耳、红椒，稍微焖一会儿，加精盐、料酒、鸡精调味，翻炒几下，用水淀粉勾芡，翻炒均匀装盘。

操作要领

蚕豆要先用大火煮开，再用小火焖熟。

营养贴士

此菜具有防癌抗癌、提神醒脑的功效。

视觉享受：★★★★ 味觉享受：★★★ 操作难度：★★★

百合炒蚕豆

TIME 20分钟

菜品特点

营养清口

陈皮萝卜煮丸子

TIME 40 分钟

菜品特点
汤清味鲜
滋补开胃

● **主料：** 羊肉 300 克
● **配料：** 白萝卜 100 克，陈皮、香菜、姜、精盐、鸡精、胡椒粉各适量

视觉享受：★★★
味觉享受：★★★★
操作难度：★★

操作步骤

①将羊肉剁成肉馅，加入精盐、鸡精搅拌均匀；白萝卜、陈皮、姜均切成丝备用；香菜切段。
②坐锅点火倒入水，待水开后放入白萝卜丝烫熟取出，入碗中；汤中加入陈皮、姜，用手将肉馅挤成丸子入锅，熟后加入精盐、胡椒粉调味，撒上香菜即可。

操作要领

挤丸子时要大小均匀，这样做出来才会更加美观。

营养贴士

羊肉性温热，有补气滋阴、暖中补虚、开胃健力、补脑健脑的功效。

视觉享受：★★★★　味觉享受：★★★　操作难度：★★★

粉皮白肉

TIME 30分钟

菜品特点
鲜香清口

➡ **主料：** 猪肉300克，粉皮5张
➡ **配料：** 葱、香菜各1棵，红辣椒1个，蒜茸10克，酱油、醋各10克，精盐、糖各3克，胡椒粉、麻油各少许

操作步骤

①将猪肉放滚水内，煮约20分钟至熟，过冷水，切薄片摆放在盘子一侧；葱切成葱花；红辣椒切碎；取香菜梗，切末。
②将粉皮切长条状，放滚水内烫一下，摆放于盘子另一侧。
③将酱油、醋、精盐、糖、蒜茸、葱花、香菜末、红辣椒碎、胡椒粉、麻油调成拌料，浇在粉皮和肉片上即可。

操作要领

肉片切得薄些，口感会更好。

营养贴士

此菜具有强身健体、健脑补脑的功效。

➡ **主料：** 毛豆、香干各200克
➡ **配料：** 食用油20克，红辣椒50克，生抽10克，精盐5克，味精2克，葱花少许

操作步骤

①毛豆去壳，洗净；香干切成丁；红辣椒切成非常窄的小段。
②沸水锅中加精盐和少许食用油，将毛豆放入，煮熟捞起。
③炒锅下油，放葱花爆香后，放入切丁的香干翻炒，倒入毛豆和红辣椒，下生抽继续翻炒，放精盐、味精调味即可。

操作要领

毛豆不易入味，煮的时候要加精盐。

营养贴士

此菜具有益智健脑的功效。

视觉享受：★★★　味觉享受：★★★★　操作难度：★★★

毛豆炒香干

TIME 30分钟

菜品特点
清新爽口

鸽蛋烧蹄筋

视觉享受：★★★
味觉享受：★★★★
操作难度：★★★

TIME 60 分钟

菜品特点
香味浓制

- **主料：** 牛蹄筋 300 克，火腿 100 克，熟鸽子蛋 5 颗
- **配料：** 蒜片、姜丝各 5 克，料酒 10 克，植物油、鸡汤、淀粉、鸡油各适量

操作步骤

①将发好的牛蹄筋切成长条，下入烧至六成热的油锅中过油后捞出；火腿切片。

②锅内加植物油烧热，用蒜片、姜丝炝锅，烹料酒，添鸡汤烧开，捞出姜、蒜，撇去浮沫，放入牛蹄筋烧制。

③待蹄筋软时，放入鸽子蛋和火腿，用淀粉勾芡，淋鸡油出锅装盘即可。

操作要领

牛蹄筋要烧时间长一点。

营养贴士

此菜具有益智健脑的功效。

46

★ ★ ★ ★ ★

降压降脂

★ ★ ★ ★ ★

橄榄菜四季豆

TIME 10分钟

菜品特点
清爽爽口

○ **主料:** 四季豆 300 克, 橄榄菜 50 克

○ **配料:** 蒜末 8 克, 精盐 3 克, 鸡精 2 克, 白糖 5 克, 植物油 25 克, 青辣椒、红辣椒各适量

操作步骤

①将四季豆除去角筋, 洗净后掰成长段; 将青辣椒、红辣椒均切成小窄段; 橄榄菜切碎备用。

②锅中加入适量清水, 烧沸, 将四季豆下入沸水锅中焯水至断生后捞出, 沥干水备用。

③炒锅置火上烧热, 倒入植物油, 烧至六七成热时, 加入蒜末、青辣椒、红辣椒、四季豆煸炒, 放入精盐、白糖、鸡精和橄榄菜, 炒匀出锅装盘即可。

视觉享受: ★★★
味觉享受: ★★★★
操作难度: ★★★

操作要领

要用大火快炒。

营养贴士

此菜具有降压降脂的功效。

视觉享受：★★★★ 味觉享受：★★★ 操作难度：★★★

香炒藕片

TIME 10分钟

菜品特点

清新爽脆

主料： 白花藕 200 克

配料： 油 20 克，黄椒 1 个，精盐 5 克，糖 3 克，葱花、姜末各适量

操作步骤

①藕洗净，切薄片，将藕片浸水，洗去表面的淀粉；黄椒切成丁。

②炒锅放油，烧热后放入葱花、姜末炝锅，倒入藕片，放入精盐、糖，放入黄椒，倒一点水，翻炒 2 分钟即可。

操作要领

藕片浸水，是为了洗去表面的淀粉，这样口感更脆。

营养贴士

此菜具有降压降脂的功效。

主料： 新鲜草鱼 100 克，嫩豆腐 1 块，鸡蛋 2 个

配料： 红辣椒 1 个，葱花 5 克，姜丝 2 克，精盐、胡椒粉、生粉、料酒各适量，蛋清、鸡汁、香油各少许

操作步骤

①草鱼洗净后切片，用精盐、料酒、姜丝、蛋清和生粉腌渍半个小时左右；红辣椒切小段；嫩豆腐用开水焯下备用。

②用刀背将嫩豆腐压碎，放入碗内，打入鸡蛋，加入鸡汁、精盐以及胡椒粉搅拌均匀。

③将腌渍好的鱼片整齐地排在鸡蛋豆腐糊中，放入开水锅中蒸 10 分钟左右。

④取出，淋上香油，撒上葱花和红辣椒即可。

操作要领

蒸的时候，锅盖不要盖太严，以免最后鸡蛋变成蜂窝状。

营养贴士

此菜具有降压降脂的功效。

视觉享受：★★★ 味觉享受：★★★★ 操作难度：★★★

豆腐蒸鱼片

TIME 20分钟

菜品特点

鲜嫩可口

回锅肉炒蟹

TIME 25分钟

菜品特点

鲜嫩可口

视觉享受：★★★
味觉享受：★★★★
操作难度：★★★★

> **主料：** 肉蟹 400 克，带皮五花肉 200 克
>
> **配料：** 色拉油 1000 克，料酒、豆瓣酱、辣酱各 15 克，豆豉酱 20 克，鸡粉、白糖各 20 克，五香粉 10 克，姜末 10 克，辣椒油 10 克，大葱 1 段，蒜片 15 克

操作步骤

①肉蟹洗净，将肉蟹剁成 5 克的块备用；带皮五花肉放水中大火煮至六成熟，取出后切长片；大葱斜切成段。

②炒锅放色拉油，烧至六成热时放入肉蟹，小火滑 1 分钟出锅；锅内留油 20 克，烧至七成热时放五花肉片，小火煸炒 3 分钟倒出。

③锅内放色拉油，烧至六成热时放蒜片、葱段、姜末、豆瓣酱、豆豉酱、辣酱，小火煸炒 3 分钟，

下五花肉片、肉蟹大火翻炒 2 分钟，用鸡粉、白糖、料酒、五香粉调味后，淋辣椒油出锅装盘即可。

操作要领

将蒜片、姜末、豆瓣酱等调料放入锅中煸炒时，油温不要超过七成热，否则容易粘锅。

营养贴士

此菜具有降压降脂的功效。

视觉享受：★★★　味觉享受：★★★　操作难度：★★

豆芽炒双丝

TIME 20分钟

菜品特点
清爽可口
颜色丰富

● **主料：** 豆芽 100 克，胡萝卜、黄瓜各 50 克

● **配料：** 植物油 40 克，精盐 10 克，醋、糖各适量

🥢 操作步骤

①将豆芽洗净备用；胡萝卜洗净切丝备用；黄瓜洗净，带皮切长段，纵向切片，再切丝。
②锅内倒植物油加热，放入豆芽、胡萝卜、黄瓜，翻炒到食材变软。
③锅内加精盐、糖调味，沿着锅边倒入些许醋，翻炒一下即可。

🔥 操作要领 ◀◀◀

用旺火翻炒，以保证豆芽的脆嫩。

👉 营养贴士

此菜具有镇静安神、降压降脂的功效。

● **主料：** 水发香菇 500 克，松子 50 克

● **配料：** 白糖 25 克，水淀粉、料酒各 15 克，精盐、味精各 4 克，葱末 10 克，鸡油 5 克，鸡汤 250 克，植物油 100 克

🥢 操作步骤 ◀

①香菇去蒂洗净。
②锅中加植物油烧热，然后放入葱末爆香，放入松子，炸出香味；然后加入鸡汤、料酒、白糖和精盐；再把味精、香菇放入汤内，用小火煨 15 分钟；最后用水淀粉勾芡，撒上葱末，淋入鸡油即可。

🔥 操作要领 ◀◀◀

如果香菇太大，可以切成两半。

👉 营养贴士

此菜具有镇静安神、降压降脂的功效。

视觉享受：★★★★　味觉享受：★★★★　操作难度：★★

松子香蘑

TIME 30分钟

菜品特点
香菇味美
松子仁香

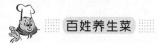

火腿千张丝

菜品特点

鲜香滑嫩

视觉享受: ★★★
味觉享受: ★★★★
操作难度: ★★

➡ **主料:** 豆腐皮1张, 火腿100克

➡ **配料:** 青椒1个, 精盐3克, 醋5克, 蒜汁、油各适量

操作步骤

①将豆腐皮、青椒、火腿都切成丝备用。

②热锅倒油, 放入蒜汁, 先炒豆腐皮, 再倒入切好的青椒丝和火腿丝, 加少量的水, 加一点精盐和醋, 翻炒均匀出锅即可。

操作要领

先炒豆腐皮, 是因为豆腐皮吸了油吃起来才不会涩。

👉 营养贴士

此菜具有预防高血脂、防治冠心病的功效。

视觉享受：★★★　味觉享受：★★★★　操作难度：★★★

虾仁干贝粥

TIME 60分钟

菜品特点

味道香浓

➡ 主料： 大米、鲜虾各100克，干贝50克

➡ 配料： 精盐1克，姜片5克，香菜末5克，姜丝、葱花各3克，胡椒粉2克，香油2克

🥄 操作步骤

①将鲜虾剥皮，清理干净，放适量精盐和姜片腌渍片刻。

②干贝洗净，用清水煮约10分钟，放米进去。

③等到粥黏稠的时候，把虾放进去煮几分钟，再放点姜丝、葱花、香菜末和胡椒粉，滴几滴香油即可。

🌀 操作要领 ◀◀◀

干贝要选择色泽淡黄而略有光泽的。

👉 营养贴士

此菜具有降压、降胆固醇、软化血管的功效。

➡ 主料： 香干200克，青椒3个

➡ 配料： 植物油20克，干红辣椒2个，蒜末5克，酱油5克，精盐5克

🥄 操作步骤

①香干切成条状；青椒斜切成段；干红辣椒切成小段。

②炒锅置火上，倒植物油，放蒜末、干辣椒爆香，放入青椒翻炒至表皮发白，放入香干，淋酱油，撒精盐，翻炒30秒即可。

🌀 操作要领 ◀◀◀

爆炒青椒时，注意控制火候，炒过头了辣椒会变黄，不熟的话又不入味。

👉 营养贴士

此菜具有开胃、降压的功效。

视觉享受：★★★　味觉享受：★★★★　操作难度：★★

辣椒炒香干

TIME 10分钟

菜品特点

香辣爽口

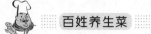

青椒炒蛋

TIME 10分钟

菜品特点
香激可口

⮕ 主料： 鸡蛋、青椒各2个
⮌ 配料： 油20克，精盐5克，红辣椒1个，胡椒粉适量

视觉享受：★★★★
味觉享受：★★★
操作难度：★★★

操作步骤

①青椒斜切成段；红辣椒切成圈。

②热锅下油，油热后，下青椒炒至断生，加适量精盐调好味后起锅，装进大碗里备用。

③将鸡蛋打入盛尖椒的碗里，撒少许胡椒粉、盐，搅拌均匀。

④净锅内下入少许底油，晃动锅，用油把整个锅底都润一下，倒入拌好的青椒蛋液，待蛋液基本凝固时，炒散，撒点红辣椒圈即可。

操作要领

蛋液倒入锅内，要将火调小，以免煎煳。

营养贴士

此菜具有降血脂、血压的功效。

54

视觉享受：★★★ 味觉享受：★★★★ 操作难度：★★★

虾仁蒸豆腐

TIME 20分钟

菜品特点
鲜嫩可口

主料： 鸡蛋2个，豆腐1块，虾仁适量
配料： 精盐5克，料酒5克，香油适量

操作步骤

①豆腐切块；虾仁用精盐、料酒腌一下。
②鸡蛋打入碗中，打散，加适量精盐，加大约六七十度的水搅匀，把豆腐摆在蛋液里，豆腐上面放虾仁。
③上锅蒸15分钟，出锅后淋几滴香油即可。

操作要领

搅拌鸡蛋的时候，最好放入温水，凉水效果不是很好。

营养贴士

此菜具有降脂降压的功效。

主料： 杜仲12克，猪腰250克
配料： 料酒25克，葱、蒜各5克，味精3克，花椒3克，精盐5克，酱油5克，姜8克，猪油、菜油各10克，香菜适量

操作步骤

①将猪腰对剖两半，片去腰臊筋膜，切成腰花；将杜仲洗净切成小片；蒜切末；姜切片；葱切葱花备用；香菜切段备用。
②将猪腰用精盐、味精、料酒、酱油腌渍入味。
③锅上火，用武火烧热，倒入猪油和菜油烧至八成热，放入花椒，投入腰花、葱、姜、蒜、香菜，加入杜仲快速炒散，放入味精，翻炒后出锅即可。

操作要领

大火快炒，保持口感。

营养贴士

此菜具有补肝肾、降血压的功效。

视觉享受：★★★ 味觉享受：★★★★ 操作难度：★★★

杜仲腰花

TIME 20分钟

菜品特点
香味浓郁

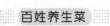

 姜丝炒兔丝

视觉享受：★★★
味觉享受：★★★★
操作难度：★★★

TIME 20 分钟

菜品特点
香味浓郁

> **主料：** 兔肉 200 克，姜 150 克

> **配料：** 熟猪油 500 克，红椒半个，湿淀粉 15 克，鸡蛋 1 个，精盐 5 克，料酒 10 克，肉汤、味精各少许

操作步骤

①将兔肉切成薄片，再顺纹切成细丝；红椒、姜切丝；鸡蛋取蛋清备用。

②鸡蛋清盛入碗内，放湿淀粉调成蛋清浆；将兔肉丝放入蛋清浆内，用筷子轻轻拌匀。

③炒锅置旺火上，烧热，舀入熟猪油，烧至四成热时，放入兔丝过油，约 1 分钟。

④炒锅留适量油，上火，把姜丝下锅煸炒片刻，

再放料酒、精盐、味精、肉汤，再将过了油的兔丝和红椒丝入锅，翻炒片刻出锅即可。

操作要领

大火快炒，以保持肉质鲜嫩。

营养贴士

此菜具有降压降脂的功效。

视觉享受 ★★★ 味觉享受 ★★★★ 操作难度 ★★★

金针菇氽肥牛

TIME 20分钟

菜品特点

香辣味美

> 🔵 **主料：** 金针菇 200 克，肥牛 300 克
> 🔵 **配料：** 食用油 20 克，料酒 10 克，酱油 5 克，胡椒粉 5 克，辣椒酱、干辣椒、葱花、姜末各适量

🍳 操作步骤

①金针菇去尾，入锅用沸水氽烫一下，捞出挤干水分备用；肥牛切片，入沸水中氽烫以去除血沫；干辣椒切末。

②锅中放适量食用油，下干辣椒，出香味后放入葱花、姜末爆香，烹入料酒、酱油、胡椒粉、辣椒酱，冲适量开水煮几分钟后，制成辣汤汁备用。

③将焯烫后的金针菇、肥牛过水放入辣汤中略煮，即可出锅。

🥄 操作要领

做辣汤汁时也可以加少量糖，可以提鲜。

👉 营养贴士

此菜具有降压、降胆固醇的功效。

> 🔵 **主料：** 鲫鱼 1 条，豆腐 1 块
> 🔵 **配料：** 油 200 克，木耳、冬笋各 100 克，红辣椒粉 50 克，老姜 20 克，大蒜 10 克，葱花 5 克，味精 5 克，花椒 5 克，精盐、料酒、水淀粉各适量

🍳 操作步骤

①鲫鱼洗净，鱼身两面各斜剖 3 刀，抹一点精盐备用；老姜、大蒜切片；豆腐切成长方块，用开水煮 5 分钟，移至微火上备用；木耳提前泡发，切片；冬笋切片。

②炒锅下油，烧至六成热，下鲫鱼两面煎黄起锅。

③炒锅洗净下入剩下的油，烧至五成热，下姜片、蒜片、花椒、红辣椒粉，出香味后，加点水，再放入鱼、豆腐、木耳、冬笋、料酒、味精同烧入味，用水淀粉勾芡，将鱼摆放在盘内，在一侧摆放上豆腐块，把带有木耳和冬笋的汤汁淋在鱼和豆腐块上，撒上葱花即可。

🥄 操作要领

炸鲫鱼时要两面煎黄后起锅。

👉 营养贴士

此菜具有和中开胃、降血脂、保护心血管的功效。

视觉享受 ★★★ 味觉享受 ★★★★ 操作难度 ★★★

豆腐烧鲫鱼

TIME 30分钟

菜品特点

香辣味美

油焖白菜

TIME 15 分钟

菜品特点
口感鲜美

- **主料：** 白菜 500 克，鲜蘑、冬笋各 200 克，火腿肠 10 克，瘦肉 50 克
- **配料：** 植物油 300 克，精盐 5 克，味精 3 克，胡椒粉、水淀粉、高汤、葱花各适量

视觉享受：★★★
味觉享受：★★★★
操作难度：★★★

操作步骤

①将白菜洗净，取菜心备用；鲜蘑洗净后去蒂切片；冬笋洗净切片；火腿肠切丁；瘦肉切片，在开水中煮熟。

②炒锅上火，注入植物油，烧至四五成热时，倒入白菜心，随即加大火力，油焖至八成熟，控去油，再加入汤，将菜心焖熟，沥干汤汁，把菜整齐地放在盘中。

③炒锅洗净，倒入高汤、鲜蘑、冬笋、火腿肠、瘦肉、精盐、味精、胡椒粉烧开，淋入水淀粉勾芡，然后起锅，浇在白菜上，撒上葱花即可。

操作要领

最好选用鲜嫩的白菜心做这道菜。

营养贴士

此菜具有降压降脂的功效。

视觉享受：★★★ 味觉享受：★★★ 操作难度：★★

老虎菜

TIME 10 分钟

菜品特点

辛辣生猛

⊃主料： 黄瓜 200 克，香菜 100 克，葱白 100 克，青、红尖椒各 1 个

⊃配料： 蒜末 5 克，姜末 3 克，精盐 5 克，生抽、沙拉汁各 5 克，辣椒油 3 克

操作步骤

①香菜洗净切段；葱白切丝；青、红尖椒洗净切丝；黄瓜去皮洗净，切丝。

②将香菜段、葱白丝、黄瓜丝、青椒丝、红椒丝放入一个大碗中，加入姜末、蒜末和精盐搅拌，倒入生抽、沙拉汁、辣椒油，充分拌匀即可。

操作要领

加入沙拉汁能提鲜，没有也可以不加。

营养贴士

此菜具有降血压、降血脂的功效。

⊃主料： 猪肚 400 克，腐竹 100 克

⊃配料： 青辣椒、红辣椒各 100 克，植物油 150 克，料酒 25 克，胡椒粉 3 克，精盐 4 克，蒜汁 10 克，高汤 100 克，味精 5 克，淀粉 10 克

操作步骤

①腐竹泡发好切段备用；青、红辣椒切片备用。

②将猪肚处理干净，放入清水中煮 1 小时后捞出，晾凉后切成长条。

③锅内倒植物油烧热，倒入高汤后加入蒜汁，再下入肚条、腐竹、青辣椒、红辣椒，用精盐、料酒、胡椒粉调味，开锅后转小火烧 20 分钟，放入味精，用淀粉勾芡即可。

操作要领

猪肚洗净后放入开水中煮可以去掉猪肚的血水。

营养贴士

此菜具有健脾胃、降血压的功效。

视觉享受：★★ 味觉享受：★★★★ 操作难度：★★

肚条烩腐竹

TIME 30 分钟

菜品特点

味道浓郁
制作简单

清蒸茄子

TIME 20 分钟

菜品特点
蒜香浓郁
口感鲜美

➡ **主料：** 茄子 200 克

👉 **配料：** 干虾仁 30 克，青椒、红椒各半个，蒜末 20 克，生抽 10 克，精盐 5 克，糖 3 克，蚝油、食用油各适量

视觉享受：★★★★
味觉享受：★★★
操作难度：★★★

🍳 操作步骤

①茄子洗净，切成长条，整齐地摆放在盘子里，上面撒少许精盐，滴几滴食用油，大火蒸 15 分钟出锅备用；青、红椒切丁。

②碗中加入生抽、蚝油和少量的糖，调成调味汁，浇在蒸好的茄子上，再在茄子上整齐地摆放好青椒丁、红椒丁、蒜末、干虾仁即可。

📄 操作要领

蒜泥里可放点精盐，使蒜泥有黏性，味道更好。

📋 营养贴士

此菜具有降压降脂的功效。

视觉享受：★★★★ 味觉享受：★★★ 操作难度：★★

拌海蜇

TIME 10分钟

菜品特点

清爽鲜脆

● **主料：** 海蜇 300 克
● **配料：** 青笋 50 克，精盐 5 克，醋、酱油、香油、辣椒油各 5 克，味精 3 克

✔ 操作步骤

①海蜇泡水去精盐分，沥干水分后切成条状，略焯一下；青笋洗净切成条状，焯一下水。
②将海蜇和青笋放在盘中，加入醋、酱油、味精、精盐、辣椒油、香油拌匀即可。

▶ 操作要领 ◀◀◀

海蜇一定要用清水浸泡一段时间，去泥沙和盐分。

☞ 营养贴士

海蜇具有预防动脉硬化、清热化痰的功效。

● **主料：** 豆腐 300 克
● **配料：** 红辣椒、干辣椒各 2 个，蒜末 10 克，植物油 500 克，酱油 10 克，豆豉 20 克，精盐、白糖各 5 克，味精 3 克，葱花适量

✔ 操作步骤

①豆腐切成四方小块；红辣椒去籽、切小段；葱切末；干辣椒切小段。
②炒锅烧热放植物油，放入豆腐块，炸黄捞出备用。
③炒锅留底油，下入蒜末、红辣椒段、干辣椒段和豆豉后，倒入炸过的豆腐，加入酱油、白糖、精盐、味精炒匀，出锅撒上葱花即可。

✔ 操作要领 ◀◀◀

豆腐不要炒得时间过长。

☞ 营养贴士

此菜具有降压降脂的功效。

视觉享受：★★★★ 味觉享受：★★★ 操作难度：★★★

湘辣豆腐

TIME 25分钟

菜品特点

香辣可口

虾仁荸荠

TIME 15 分钟

菜品特点
清淡鲜美

视觉享受: ★★★★
味觉享受: ★★★
操作难度: ★★★

○ **主料:** 虾仁 200 克, 荸荠 1 个
○ **配料:** 胡萝卜 50 克, 精盐、糖各 5 克, 料酒 15 克, 色拉油 20 克, 鸡精 3 克

操作步骤

①虾仁洗净, 用少许精盐和料酒抓匀腌渍 5 分钟备用; 荸荠洗净去蒂, 横竖分别切两刀, 一分为四, 取其中一块用刀去掉中间的籽, 将其切成小块; 胡萝卜洗净, 用花刀切成厚片。

②锅烧开水关火, 放入荸荠块烫一下即可捞起备用。

③锅烧热倒入少许色拉油, 烧至五成热, 倒入腌渍好的虾仁翻炒至断生, 把烫过的荸荠和胡萝卜一起倒入锅内, 翻炒至断生, 再依次加入少许糖、精盐、鸡精炒匀, 即可装盘。

操作要领

荸荠只在热水里烫一下就可以了。

营养贴士

此菜具有降脂降压、清热利尿的功效。

视觉享受 ★★★★ 味觉享受 ★★★ 操作难度 ★★★

豆瓣南瓜

TIME 15分钟

菜品特点

清淡鲜美

主料: 南瓜 300 克

配料: 蚕豆 50 克,精盐 5 克,鸡精 3 克,油适量

操作步骤

①蚕豆洗净,放入烧开水的锅中焯烫约 90 秒,劳出,过两遍凉水备用；南瓜去皮,切成块备用。

②锅中放油,至六成热,先放入南瓜,翻炒出甜香味,再倒入处理好的蚕豆,翻炒约 1 分钟,调入适量精盐和鸡精,翻炒均匀,出锅即可。

操作要领

南瓜最好选老的,老南瓜比较甜。

营养贴士

此菜具有补中益气、降血压的功效。

主料: 茭白 300 克

配料: 油 20 克,精盐 3 克,白糖 15 克,老抽、黄酒各 10 克,生抽 5 克,花椒 5 克,葱花 5 克

操作步骤

①将茭白洗净切成滚刀块。

②锅内烧热油,放入茭白翻炒,炒至呈黄色后,加入黄酒、老抽、生抽、精盐、白糖、花椒和适量的水,焖大约 3 分钟,再用中火收汁,出锅撒上葱花即可。

操作要领

水不要加太多,焖的时间也不宜太长。

营养贴士

此菜具有美容、降压的功效。

视觉享受 ★★★★ 味觉享受 ★★★ 操作难度 ★★★

油焖茭白

TIME 30分钟

菜品特点

鲜脆适口

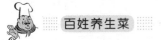

锅塌菠菜

 TIME：20分钟

菜品特点
鲜嫩适口

视觉享受：★★★
味觉享受：★★★★
操作难度：★★★

主料：菠菜 200 克

配料：鸡蛋 2 个，蘑菇、火腿各 30 克，葱 1 根，姜 1 小块，精盐 5 克，生抽 5 克，味精 3 克，料酒 10 克，油 100 克，面粉、高汤各适量

操作步骤

①菠菜择洗干净，放入沸水中余烫片刻，用凉水冲凉；葱、姜切丝；鸡蛋磕入碗中拌匀；蘑菇洗净去蒂切丝；火腿切丝备用。

②菠菜挤净水，加精盐、味精、料酒、葱、姜拌匀，腌渍入味，然后撒上少许面粉，放入蛋液中调匀。

③锅内放油烧热，下入沾上蛋液的整棵菠菜，煎成金黄色时，加入生抽和适量高汤调味，再放入少许蘑菇和火腿，收尽汤汁即可。

操作要领

因为菠菜容易出水，所以将菠菜下锅的时候要小心溅油烫伤皮肤。

营养贴士

此菜具有减肥、降压的功效。

西蓝花烧豆腐

TIME 20分钟

视觉享受：★★★ 味觉享受：★★★★ 操作难度：★★★

菜品特点
清香可口

主料： 西蓝花200克，豆腐1盒

配料： 油500克，红辣椒1个，精盐10克，生抽10克，白胡椒粉、鸡粉各3克，姜3片，生粉适量

操作步骤

①西蓝花撕小朵，洗净沥干水；豆腐切成块；红辣椒切成段。

②烧热油，放入一半豆腐块，以中火煎至微黄色，盛起用厨房纸吸干余油，然后将剩下的豆腐煎完；烧开半锅水，加入精盐，放入西蓝花焯30秒，捞起过冷水并沥干水。

③锅内留底油，炒香姜片，放入红辣椒炒匀，倒入西蓝花炒几下，倒入豆腐，与锅内食材一同翻炒均匀，加入精盐、白胡椒粉、生抽和鸡粉调味，生粉加水淋入锅中勾芡，即可出锅。

操作要领

焯西蓝花时，要在沸水中加精盐，以保持其翠绿的色泽；西蓝花拌炒时会渗出水分，因此起锅前要勾一下芡。

营养贴士

此菜具有健脑、降压的功效。

主料： 粳米100克，皮蛋2个，瘦肉80克

配料： 精盐5克，生抽5克，生粉10克，鸡精3克，白胡椒粉2克，葱花适量

操作步骤

①粳米淘洗干净后，以清水浸泡2小时以上，沸水中加入干净的粳米，转小火煮成浓稠的白粥。

②皮蛋剥壳切成小丁；瘦肉切成末，加少许精盐、生粉和生抽拌匀。

③转大火，将皮蛋、肉末下入沸腾的白粥中，加精盐，搅拌至肉断生时，加入少量鸡精和白胡椒粉调味，关火，撒上葱花即可。

操作要领

熬白粥的时候，每隔2分钟用木铲搅动一次，以免煳底。

营养贴士

此菜具有帮助肠胃蠕动消化、防治高血压和心脑血管疾病的功效。

视觉享受：★★★ 味觉享受：★★★★ 操作难度：★★★

皮蛋瘦肉粥

TIME 60分钟

菜品特点
香味浓郁
清淡可口

蜜枣核桃

TIME 15分钟

菜品特点
香脆甘甜

○ **主料:** 蜜枣 300 克，核桃 150 克
○ **配料:** 猪油 500 克，鸡蛋 5 个，糯米粉、彩针各适量

视觉享受: ★★★
味觉享受: ★★★★
操作难度: ★★★

操作步骤

① 将蜜枣上笼蒸熟，使之变软，去核；将核桃肉用热水泡一下，取出，去皮。

② 将核桃放入热油锅内略炸，取出冷却片刻，一颗蜜枣裹一块核桃肉，卷成橄榄形。

③ 将鸡蛋打破，蛋液打入碗中，加糯米粉调匀，然后将卷好的蜜枣核桃放下去滚一滚。

④ 锅内放猪油，烧至两成热时，将蜜枣核桃放下去，

炸至色黄而发脆，装盘，撒上彩针即可。

操作要领

核桃肉炸好后，取出冷却片刻，可使核桃更加松脆。

营养贴士

此菜具有健脑、降低胆固醇的功效。

视觉享受：★★★★　味觉享受：★★★　操作难度：★★★

海带肉卷

TIME 30分钟

菜品特点

咸香爽口

➡ **主料：** 猪肉馅 100 克，海带条 6 条

➡ **配料：** 金针菇 50 克，葱花 10 克，味精 3 克，料酒 8 克，蚝油 2 克，醋 5 克，精盐 5 克，生粉、淀粉各适量

操作步骤

①猪肉馅加葱花、精盐、味精、料酒、蚝油、水和生粉搅拌均匀；金针菇洗净，焯一下，放入碗中加入精盐、味精、醋，拌一下。

②把拌好的肉馅铺在海带条上，再放上金针菇，轻轻地卷起海带，封口处用淀粉粘住。

③把卷好的海带肉卷放锅中蒸 20 分钟即可。

操作要领

海带上的馅料不要铺太多，否则难以卷起。

营养贴士

此菜具有防癌、降压的功效。

➡ **主料：** 黄瓜 400 克

➡ **配料：** 精盐 3 克，植物油 40 克，干辣椒 5 克，味精 1 克，蒜末 10 克，芝麻油 2 克，花椒 2 克

操作步骤

①黄瓜洗净去蒂，切成柱状长条，码在盘中，放少许精盐和味精，放入蒜末；干辣椒切段备用。

②炒锅置旺火上，加植物油烧至五成热，放入干辣椒炒至呈棕褐色时，下花椒炒出香味，再放黄瓜快速炒匀，最后淋上少许芝麻油即可。

操作要领

黄瓜性凉，胃寒患者不宜多食。

营养贴士

此菜具有降压降脂、减肥抗癌的功效。

视觉享受：★★★★　味觉享受：★★★　操作难度：★★

炝黄瓜

TIME 8分钟

菜品特点

葱香爽口

湘味 小炒茄子

TIME 15分钟

菜品特点
茄香浓郁

▶ **主料:** 茄子 500 克, 猪肉 100 克

▶ **配料:** 植物油 30 克, 剁椒 15 克, 红辣椒 2 个, 糖 10 克, 酱油、老醋各 5 克, 精盐 5 克, 味精 3 克, 蒜末 5 克, 十三香粉、水淀粉各适量

视觉享受: ★★★
味觉享受: ★★★★
操作难度: ★★★

操作步骤

①将茄子切薄片放在水里略微浸泡; 猪肉切片; 红辣椒切段。

②锅内放少许植物油, 煸炒猪肉至散白, 下剁椒和蒜末, 下茄子煸炒, 加酱油、精盐、味精、糖、老醋、十三香粉继续翻炒。

③盖上锅盖小火焖一会儿, 加红辣椒翻炒, 最后用水淀粉勾芡即可。

操作要领

茄子切开后可用精盐水浸泡, 防止变色。

营养贴士

此菜具有软化微细血管、防止小血管出血、降血压的功效。

视觉享受 ★★★ 味觉享受 ★★★★ 操作难度 ★★★

蒜子炒牛肉

TIME 25分钟

菜品特点
味道浓香

主料： 牛肉250克，大蒜2头

配料： 植物油100克，洋葱50克，蚝油3克，淀粉、蛋清各适量，姜汁10克，黄油少许

操作步骤

①牛肉切成块，用蛋清、蚝油、淀粉腌渍10分钟；大蒜剥好；洋葱切片。

②锅中烧热植物油，倒入腌渍好的牛肉块，滑熟取出备用。

③另起锅，将黄油放入锅中，用中小火烧热，放入大蒜瓣，煸至金黄色，倒入牛肉、洋葱，调入蚝油和姜汁翻炒一下出锅即可。

操作要领

炒蒜瓣和牛肉的时候，火不要太旺。

营养贴士

此菜具有补益气血、强身健脑、降脂降压、丰肌泽肤的功效。

主料： 松花蛋、鸡蛋各2个

配料： 香油、海鲜酱油各适量

操作步骤

①把鸡蛋的蛋清和蛋黄分别放在两个碗里搅散。

②选深一点的容器，铺上锡纸，将松花蛋切小块，放在容器的最下面，倒入鸡蛋清，放到开水锅中，用小火蒸5分钟。

③再把蛋黄倒在蒸凝固的蛋清上面，再蒸5分钟出锅，晾凉切小块，蘸香油和海鲜酱油吃。

操作要领

器皿底部加铺锡纸可以让蒸蛋很容易扣出，锡纸要铺高点，高度以稍超出蛋液平面为佳。

营养贴士

此菜具有养心、降血压、降血脂的功效。

视觉享受 ★★★ 味觉享受 ★★★★ 操作难度 ★★★

三色蒸蛋

TIME 15分钟

菜品特点
鲜香软嫩

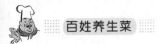

泡椒魔芋

视觉享受：★★★★
味觉享受：★★★
操作难度：★★★

TIME 15分钟

菜品特点
香辣爽口

➡ **主料：**魔芋 250 克

🔄 **配料：**植物油 20 克，泡椒 50 克，红辣椒 15 克，葱花 10 克，淀粉 10 克，辣椒油 5 克，胡椒粉、精盐、鸡精各 3 克，肉汤适量

🔧 操作步骤

①魔芋切成块，用沸水焯一下；红辣椒切圈备用；泡椒切碎备用。

②坐锅点火倒植物油，油热后放入红辣椒圈、泡椒碎爆香，放入魔芋翻炒，加肉汤、精盐、胡椒粉、淀粉、鸡精炒熟出锅，淋上辣椒油，撒上葱花即可。

🔧 操作要领

泡椒已有盐分，且用了肉汤，应酌量加精盐。

👉 营养贴士

此菜具有降糖、防治高血压的功效。

養顏抗衰

锅仔山珍猪皮

TIME 100分钟

菜品特点
香软鲜美

> **主料：** 野山菌 200 克，鲜猪皮 250 克
>
> **配料：** 金针菇 50 克，鸡精、精盐各 5 克，姜 5 片，玉兰片 50 克，干辣椒段 5 克，胡椒粉 1 克，鸡汤 500 克

视觉享受：★★★
味觉享受：★★★★
操作难度：★★★

操作步骤

①鲜猪皮烙去毛，刮洗漂净后，改刀切成长方块，放沸水中略焯，捞出沥干水分备用；金针菇洗净。

②将野山菌清洗干净，切段，并用鸡汤小火煨 30 分钟，将猪皮放入锅中，放入金针菇、姜片、玉兰片、干辣椒段、胡椒粉，小火煲 1 个小时至猪皮软糯，放鸡精、精盐调味即可。

操作要领

猪皮上的毛要仔细清理，刮洗干净。

营养贴士

此菜具有养颜护肤、美容抗衰的功效。

视觉享受：★★★ 味觉享受：★★★★ 操作难度：★★★

西湖醋鱼

TIME 20分钟

菜品特点

鲜美得嫩
风味独特

> **主料：** 活草鱼1条
> **配料：** 白糖60克，醋、湿淀粉各50克，酱油75克，绍酒25克，姜丝2.5克，葱丝5克，胡椒粉适量

操作步骤

①将鱼剖杀，去鳞、鳃与内脏，洗净，切下鱼肉最厚实的鱼身部分，切花刀备用。

②锅内放清水适量，放入鱼，加盖，待水沸时打开盖，撇去浮沫，转动炒锅，继续用旺火烧煮约3分钟至熟；将锅内留下250克左右水，放入酱油、绍酒、姜丝、胡椒粉，再煮一会儿将鱼捞出，将一侧切开，鱼皮朝上，在鱼肉厚的一侧划几刀，装入盘中。

③把锅内的汤汁，加入白糖、醋和湿淀粉调匀，用勺搅成浓汁，浇遍鱼身，撒上姜丝、葱丝即可。

操作要领

鱼煮的时间不宜太长。

营养贴士

此菜具有养颜抗衰的功效。

> **主料：** 大白菜叶3片，猪肉馅200克
> **配料：** 鸡蛋1个，精盐、味精、酱油、淀粉、香油、胡椒粉各适量

操作步骤

①大白菜叶去除硬梗，烫熟，泡冷水中备用。

②猪肉馅里打入1个鸡蛋，再加精盐、味精、酱油、胡椒粉、淀粉、香油调匀，放适量在白菜叶上，卷成一个个小卷。

③将卷好的菜卷摆放到碗里，再将整碗的菜卷放到锅里，小火蒸大约20分钟即可。

操作要领

白菜叶要选大点的，方便卷肉。

营养贴士

此菜具有养阴清热、益胃生津，养颜抗衰之功效。

视觉享受：★★★ 味觉享受：★★★★ 操作难度：★★★

肉蒸白菜卷

TIME 25分钟

菜品特点

口味鲜美

TIME 8分钟

菜品特点
口味鲜美

红椒炒双蛋

● **主料：** 红辣椒2个，红柿子椒1个，松花蛋、鲜鸡蛋各2个
● **配料：** 油20克，鸡精1克，精盐5克，葱花5克

视觉享受：★★★
味觉享受：★★★★
操作难度：★★

操作步骤

①松花蛋切块；红辣椒切成段；红柿子椒切丁；鲜鸡蛋打到碗中，用筷子朝一个方向打散。

②坐锅烧油，将搅拌均匀的蛋液倒入锅里，大火炒至蛋液凝固，用铲子铲碎，倒入红辣椒段、松花蛋，放入精盐、鸡精，翻炒均匀，撒上红柿子椒丁和葱花即可出锅。

操作要领

打散鸡蛋的时候要沿着相同的方向，加入一点精盐，会更容易打散。

营养贴士

此菜具有养颜、抗衰老的功效。

视觉享受：★★★★　味觉享受：★★★★　操作难度：★★★

脆椒鸭丁

TIME 20分钟

菜品特点

香辣可口

主料： 鸭肉 500 克，干辣椒 50 克

配料： 花生仁 50 克，植物油 20 克，精盐 5 克，鸡精 3 克，酱油 10 克，姜、蒜各适量

操作步骤

①鸭肉洗净切块；干辣椒切段；姜、蒜切末。

②炒锅置火上，放植物油，将鸭肉放入锅内煸一下，再放入姜末、蒜末，多次翻炒，再加入干辣椒段和花生仁，不停翻炒，放入酱油、精盐、鸡精一起炒，放点水，略炖一下，收汁起锅。

操作要领

煸炒鸭肉的时候，要先放入肥鸭肉，再放瘦的。

营养贴士

此菜具有抗衰老的功效。

主料： 嫩茭白 500 克

配料： 葱花 20 克，糖 3 克，精盐、香油、味精各适量

操作步骤

①将茭白削去外皮，切去老根，洗净后纵切成两半，用刀背稍拍一下，使其质地变松软，放入开水锅中烫约 10 分钟后捞出，使其自然冷却，用刀切成条，放在盘内。

②加精盐、香油、糖、味精拌匀，撒上葱花即可。

操作要领

茭白一定要买新鲜、水嫩的，否则影响口感。

营养贴士

此菜具有润肺止咳、清心安神、养颜润肤的功效。

视觉享受：★★★★　味觉享受：★★★　操作难度：★★

翠绿茭白

TIME 15分钟

菜品特点

清香爽口

麻酱猪肝

菜品特点
口味浓香

视觉享受：★★★★
味觉享受：★★★
操作难度：★★

主料： 猪肝 300 克，芹菜 100 克

配料： 酱油、醋各 10 克，香油 3 克，精盐 5 克，蒜泥 5 克，麻酱少许

操作步骤

①芹菜切成斜段，放入沸水锅中烫至断生，晾凉后整齐地摆放在盘子一侧；将猪肝放入开水中煮熟，晾凉后切成薄片备用。

②用清水调开少许麻酱，用麻酱汁、酱油、香油、醋、精盐、蒜泥调成酱汁，将其浇在猪肝和芹菜上即可。

操作要领

猪肝一定要煮熟，煮的时候，可以用筷子扎进猪肝里，如果有血水出来的话，就要继续煮。

营养贴士

此菜具有消肿润肤、美容养颜的功效。

视觉享受：★★★★ 味觉享受：★★★ 操作难度 ★★★

干豆角蒸肉

TIME 40分钟

菜品特点
口味浓香

主料： 干豆角 100 克，新鲜猪肉 300 克

配料： 红辣椒、葱花各少许，辣椒粉 15 克，植物油、精盐各适量，蚝油 15 克

操作步骤

①将猪肉切块，用精盐和蚝油腌渍备用；干豆角用凉水稍泡，然后捞出切成小段；红辣椒切成小段。

②锅置火上，倒入植物油，烧至六成熟，下干豆角炒香，撒辣椒粉、精盐，炒匀，盛入碗里，再将处理好的猪肉放到干豆角上，淋适量水。

③将碗放入高压锅，隔水蒸半小时，出锅后撒入红辣椒和葱花即可。

操作要领 ◀◀◀

干豆角吸水，加水时可稍放多一点。

营养贴士

此菜具有健脾养胃、补血美容的功效。

主料： 豆腐 300 克，香椿 200 克

配料： 植物油适量，酱油 5 克，姜汁 5 克，料酒 10 克，精盐 3 克，香油 3 克，味精 2 克

操作步骤

①将豆腐平放，用刀水平切一刀，再在上面斜切一刀，将豆腐切成三角形厚片，加精盐腌 30 分钟；香椿择洗干净，切成小窄段。

②炒锅注植物油烧至五成热，放入豆腐片煎至两面金黄，烹入料酒、酱油、姜汁和少许水，放入香椿段，中火收干汤汁，淋入香油，撒入味精即可。

操作要领 ◀◀◀

因有油炸过程，所以要多准备一些植物油。

营养贴士

此菜具有益气开胃、瘦身美容的功效。

视觉享受：★★★★ 味觉享受：★★★ 操作难度 ★★

香椿豆腐

TIME 20分钟

菜品特点
口味浓香

酸辣鸡腿丁

> ● **主料：** 鸡腿肉 200 克，熟花生仁 50 克，黄瓜 1 根
> ● **配料：** 油 50 克，鲜红辣椒 1 个，干辣椒 2 个，姜末 2 克，蒜末 3 克，葱花 5 克，料酒、醋各 15 克，精盐 5 克，花椒、淀粉、蛋清各适量

操作步骤

①鸡腿肉切丁，用蛋清、淀粉上浆；黄瓜洗净切丁；鲜红辣椒切丁；干辣椒切细长条。

②锅内放油，烧至四成热，将鸡丁放入滑熟倒出。

③锅内留底油，烧热后放入姜末、蒜末、干辣椒煸出香味，倒入切好的鸡肉，淋入料酒、醋，大火翻炒，加入黄瓜、花生仁和鲜红辣椒，入花椒、精盐一起翻炒，炒 2 分钟左右，撒入葱花拌匀，即可出锅。

视觉享受：★★★★
味觉享受：★★★
操作难度：★★★

操作要领

滑油时要控制好火候，以中小火为佳。

营养贴士

此菜具有排毒抗衰、清热去火的功效。

视觉享受：★★★★　味觉享受：★★★　操作难度：★★★

香菇山药

TIME 15分钟

菜品特点

糯软香浓

● **主料：** 山药300克，香菇、柿子椒各50克，胡萝卜100克

● **配料：** 植物油20克，葱5克，精盐3克，酱油3克，胡椒粉1克

操作步骤

①将山药洗净，去皮，切菱形片；胡萝卜洗净，去皮，切花形片；柿子椒洗净去籽，切块；香菇洗净，切块，放入加精盐的水中浸泡；葱切段备用。

②锅中加植物油烧热，爆香葱段，放入山药、香菇、胡萝卜、柿子椒炒匀，淋少许酱油调味，加少许水，以中火焖煮10分钟至山药熟软，再加入精盐和胡椒粉调味，盛出即可。

操作要领

香菇放入加精盐的水中浸泡，可以避免香菇在烹调时变黑。

营养贴士

此菜有瘦身调理、防癌抗癌的功效。

● **主料：** 草鱼500克，木耳100克，菜心、冬笋各适量

● **配料：** 色拉油50克，精盐5克，料酒8克，干淀粉、水淀粉、葱、姜各少许

操作步骤

①将草鱼洗净，切片，裹干淀粉用温油滑熟；木耳、菜心洗净，木耳撕小朵；葱、姜洗净切末备用；冬笋切片备用。

②锅中倒入色拉油烧热，放入葱、姜末爆香；加入鱼片、木耳、菜心、冬笋炒匀；加精盐、料酒调味；最后倒水淀粉勾薄芡即可。

操作要领

草鱼宜选用肥大的，并取其中间段。

营养贴士

此菜具有美容、抗衰老的功效。

视觉享受：★★★★★　味觉享受：★★★　操作难度：★★★

熘鱼片

TIME 22分钟

菜品特点

美味可口
美容抗衰

红烧排骨

TIME 40 分钟

菜品特点
味道鲜美

视觉享受：★★★
味觉享受：★★★★
操作难度：★★★★

➡ **主料：** 排骨 500 克
➡ **配料：** 菜油 30 克，小油菜 50 克，姜 3 片，葱 1 根，酱油、料酒各 10 克，糖 3 克，精盐 5 克

操作步骤

①排骨剁成长段，入沸水锅轻焯，捞出控干；葱切段；小油菜切段。

②锅里放入适量的菜油，加热后放入姜片、葱段炒香，然后把排骨放入锅内翻炒，等肉变色发白后，加入酱油、料酒、糖，加适量水，以淹没排骨为度，放入小油菜。

③大火烧滚后，改小火微炖 20 分钟左右，看排骨

已经熟烂后，加入适量的精盐，然后改大火收汁后出锅即可。

操作要领

排骨提前腌渍，更容易入味。

营养贴士

此菜具有清热润燥、益气养颜的功效。

视觉享受：★★★ 味觉享受：★★★★ 操作难度：★★★

白胡椒猪蹄汤

TIME 80分钟

菜品特点

味道鲜美

● **主料：** 猪蹄 500 克

● **配料：** 青豆 50 克，花椒 5 克，料酒 10 克，花生油少许，白胡椒、精盐各适量

操作步骤

①猪蹄用水煮开，去毛洗净；青豆泡发备用。

②砂锅内加清水，烧开后，加入猪蹄、青豆、花椒、白胡椒、料酒和少许花生油，盖上盖，改文火煮1小时以上直至猪蹄软化和闻到香味，放入适量的精盐即可。

操作要领

注意掌握火候。

营养贴士

此菜具有健脾开胃、活血养颜的功效。

● **主料：** 水发海参 150 克，鸡肉、香菇、冬笋各 100 克

● **配料：** 火腿 15 克，香菜 20 克，胡麻油 30 克，精盐 4 克，味精 2 克，胡椒粉 1 克，水淀粉 10 克，花椒油、清汤各适量

操作步骤

①将冬笋、香菇、水发海参、火腿、鸡肉都切成丝；香菜切末备用。

②冬笋、香菇和水发海参丝分别用沸水焯一下。

③锅内加清汤烧开，加入鸡肉、海参、冬笋、香菇，加入精盐、味精、胡麻油、胡椒粉调味，打去浮沫，用水淀粉勾稀芡，倒入花椒油翻炒均匀，撒火腿丝、香菜末即可。

操作要领

注意掌握火候。

营养贴士

此菜具有延缓衰老、增强体质的功效。

视觉享受：★★★ 味觉享受：★★★★ 操作难度：★★★

烩三丝海参

TIME 30分钟

菜品特点

鲜香味美

菠萝咕咾肉

TIME 20分钟

菜品特点
酸甜爽口

视觉享受：★★★
味觉享受：★★★★
操作难度：★★★

主料： 猪里脊肉 150 克，菠萝 80 克

配料： 白糖 30 克，料酒 20 克，鸡蛋 1 个，生抽 15 克，米醋 10 克，精盐、鸡精、植物油、香油、水淀粉、干淀粉、番茄酱各适量，青、红椒各 1 个

操作步骤

①将猪里脊肉洗净切块，加精盐和料酒腌渍约 10 分钟，再打入鸡蛋拌匀，裹上干淀粉，滚成球状；青、红椒洗净切菱形片；菠萝切块。

②将番茄酱、生抽、米醋、精盐、白糖、鸡精放到碗里搅拌备用。

③锅内放植物油，烧热将肉块放入炸至金黄色，捞出沥油；锅内留底油，倒入青、红椒翻炒，倒

入调好的汁液，再加入菠萝和猪肉翻炒至熟，淋入水淀粉和香油即可。

操作要领

菠萝要在淡精盐水中浸泡约 10 分钟。

营养贴士

此菜具有益气开胃、美容抗衰的功效。

视觉享受：★★★★ 味觉享受：★★★★ 操作难度：★★★

红酒炖牛腩

TIME 90分钟

菜品特点

酸甜爽口

主料： 牛腩400克，胡萝卜、芹菜各150克

配料： 红酒、油、精盐、蒜各适量，胡椒粉5克，香叶1片，高汤1碗

操作步骤

①牛腩洗净切块后，用少许精盐、胡椒粉腌片刻；胡萝卜切片；芹菜切斜段；大蒜剥好，切片。

②锅内放油，放胡萝卜、芹菜翻炒，起锅备用。

③另起油锅，爆香蒜片，入腌好的牛腩，翻炒几下，然后把胡萝卜、芹菜加入，一起翻炒。

④加入高汤、红酒烧开，加入香叶，转砂锅小火炖1个小时以上，直到将牛腩炖烂，出锅前的10分钟加入精盐调味，即可装盘。

操作要领

牛腩最好选择新鲜的。

营养贴士

此菜具有理气化积、健脾强身的功效。

主料： 菠菜叶100克

配料： 淀粉、面粉各50克，油500克，白酒25克，白砂糖100克

操作步骤

①将完整的菠菜叶洗净，把淀粉、面粉、白酒和适量水调成糊，均匀地涂在菠菜叶上。

②锅内放油加热，烧至七八成热，把菠菜叶逐片放入油内，炸至呈银白色时捞出，控净油，装入盘内，撒上白砂糖即可。

操作要领

炸菠菜时，油不要太热，以免炸煳。

营养贴士

此菜具有通便清热、延缓衰老的功效。

视觉享受：★★★★ 味觉享受：★★★ 操作难度：★★★

雪花菠菜

TIME 20分钟

菜品特点

味香甜脆风味独特

粉丝蒸青蛤

TIME 20 分钟

菜品特点
鲜美可口
风味独特

● **主料：** 青蛤 250 克，粉丝 150 克

● **配料：** 料酒 100 克，红椒半个，姜 3 片，精盐、白糖各 5 克，生抽、豉油各 5 克，橄榄油、蒜末各适量

视觉享受：★★★★
味觉享受：★★★
操作难度：★★★

操作步骤

①青蛤清洗干净，浸泡 3 小时，将青蛤打开，去除半片贝，摆放盘中备用；粉丝用温水泡软，均匀地摆放在青蛤上；红椒切碎。

②中小火加热橄榄油，爆香姜片，然后加入料酒、生抽、豉油、白糖、精盐，加入红椒、蒜末，撇去姜片，做成调味汁。

③将调味汁淋在青蛤上，中小火隔水蒸 10 分钟，

最后滴上橄榄油即可。

操作要领

青蛤软嫩，蒸的时间不用太长。

营养贴士

此菜具有滋阴明目、美容抗衰的功效。

视觉享受：★★★★　味觉享受：★★★　操作难度：★★

麻辣青笋尖

TIME 10分钟

菜品特点

风味独特

⊃ **主料：** 青笋尖 500 克

⊃ **配料：** 精盐 10 克，蒜汁 20 克，辣椒油 15 克，酱油、芝麻酱各 8 克，白糖 8 克，花椒粉 5 克

🔄 操作步骤

①取青笋尖部，去掉外层老皮洗净，切成长段。

②先用精盐腌渍青笋尖约 1 小时，再用清水洗 1 次，装入碗内，放少许白糖和精盐，拌匀，将其水分挤干，除掉涩味。

③青笋尖整齐地摆放在盘中，用辣椒油、酱油、花椒粉、白糖、蒜汁、芝麻酱拌匀，调成酱汁，浇在青笋尖上即可。

🔵 操作要领

青笋尖一定要事先长时间盐渍，这样可去其苦味。

👉 营养贴士

此菜具有改善皮肤的滋润感和色泽的作用。

⊃ **主料：** 熟牛蹄筋 2 根

⊃ **配料：** 黄豆酱 15 克，老抽、鲜贝露各 5 克，糖 3 克，葱、姜、植物油、大料、桂皮、白酒各适量，胡椒粉、鸡精、精盐各少许

🔄 操作步骤

①熟牛蹄筋洗净切小块，葱、姜切末。

②炒锅倒油，爆葱、姜，放入大料、桂皮，放入黄豆酱炒香，放入牛蹄筋翻炒均匀，关火。

③把炒过的牛蹄筋放入砂锅中，加入清水和白酒，再加入少许老抽、鲜贝露、糖，大火煮开，中火炖煮 10 分钟。

③大火收汁，加一些胡椒粉、鸡精、精盐，撒入葱末出锅即可。

🔵 操作要领

牛蹄筋要充分煮熟。

👉 营养贴士

此菜具有美容抗衰的功效。

视觉享受：★★★★　味觉享受：★★★　操作难度：★★★

炖牛蹄筋

TIME 90分钟

菜品特点

鲜美可口

菠菜炖豆腐

TIME 20分钟

菜品特点
清淡爽口

主料： 菠菜250克，豆腐300克

配料： 植物油15克，精盐、花椒粉各2克，味精1克，红椒、葱丝、姜丝各适量

视觉享受：★★★
味觉享受：★★★★
操作难度：★★★

操作步骤

①菠菜摘去根，洗净，切段，放入沸水中烫煮一下，捞起沥干；豆腐切成小块；红椒切丝。

②锅内加油，放葱、姜爆香，放入豆腐块煎炒，放入少许花椒粉炒匀，加一碗清水，锅开后略煮两三分钟，放入菠菜段和红椒丝，加适量精盐和味精调味即可出锅。

操作要领

菠菜入沸水锅中焯一下，可去除草酸。

营养贴士

此菜具有美容抗衰的功效。

视觉享受：★★★★ 味觉享受：★★★ 操作难度：★★★★

番茄黄豆牛腩

TIME 90 分钟

菜品特点
香味浓郁
鲜美可口

➡ **主料：** 牛腩 500 克，番茄 3 个，黄豆 50 克

➡ **配料：** 色拉油 30 克，山楂 2 个，香叶 4 片，精盐 5 克，蒜末 5 克，料酒 30 克，老抽 10 克，大料适量

🥢 操作步骤

①黄豆提前用水泡好；牛腩洗净切成块状，冷水下锅汆烫，去杂质和血沫；番茄去皮切块。

②锅里倒色拉油后，放入香叶、大料、蒜末爆香，倒入汆烫好、沥干水的牛腩，牛腩快炒后倒入老抽上色，倒入黄豆继续翻炒，再加入番茄块和山楂，翻炒后倒入料酒。

③将翻炒好的食材盛到砂锅里小火慢炖，炖到番茄出汁后加入少许精盐调味，等到汤汁变稠、牛腩软烂，关火即可。

🥄 操作要领

这道菜不用加水，用番茄自身的汤汁慢炖即可；加入两个山楂，可以让牛腩更容易炖熟。

👉 营养贴士

此菜具有美容抗衰的功效。

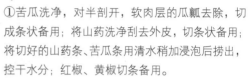

➡ **主料：** 山药、苦瓜各 1 根

➡ **配料：** 油 500 克，红椒、黄椒各半个，蒜末、姜末各 5 克，精盐 5 克，糖 3 克，水淀粉适量

🥢 操作步骤

①苦瓜洗净，对半剖开，软肉层的瓜瓤去除，切成条状备用；将山药洗净刮去外皮，切条状备用；将切好的山药条、苦瓜条用清水稍加浸泡后捞出，控干水分；红椒、黄椒切条备用。

②炒锅倒油，油温五、六成热时，将山药条倒入锅中，山药条炸至表面略微收缩时起锅控油，用同样的方法将苦瓜条过油。

③锅内留少许底油，下蒜末、姜末爆香，将山药条、苦瓜条回锅，加入红椒条、黄椒条，下少许糖、精盐调味，浇入水淀粉，勾薄芡起锅。

🥄 操作要领

煎炸山药的过程中，注意用筷子搅动，以免粘在一块。

👉 营养贴士

此菜有养颜美容、促进新陈代谢的功能。

视觉享受：★★★★ 味觉享受：★★★ 操作难度：★★★

苦去甘来

TIME 15 分钟

菜品特点
清爽可口

TIME 80 分钟

菜品特点

咸鲜香酸

卤味千层耳

> **主料**：猪耳 4 只
>
> **配料**：精盐、味精各 10 克，料酒 15 克，葱段、姜各 5 克，桂皮 20 克，大料 5 粒

视觉享受：★★★★
味觉享受：★★★★
操作难度：★★★

操作步骤

①将猪耳用温水泡洗，刮净皮面，切去耳根。

②锅内放入清水烧热，放入猪耳，逐渐加热至沸，猪耳烫透后捞出，再用清水冲凉。

③锅内倒入清水，加入所有配料，放入猪耳烧沸，转至小火煮 1 小时捞出。

④叠放在方盘内，浇上少许锅内的卤汁，用重物压实，放入冰箱内冷却 2~3 小时，食用时切薄片装盘即可。

操作要领

食用时佐以蒜泥、酱油、醋、香油，其味更佳。

营养贴士

猪耳中溶出的胶原蛋白具有美容养颜的功效。

88

视觉享受：★★★★ 味觉享受：★★★ 操作难度：★★★★

凉拌**牛蹄筋**

TIME 130分钟

菜品特点

香味浓郁

主料： 牛蹄筋 500 克

配料： 酱油、料酒各 30 克，大料 2 个，姜 4 片，醋 15 克，蒜末、葱末各 10 克，精盐、糖、花椒各 5 克，麻油 5 克，辣椒油适量

操作步骤

①先用热水汆烫牛蹄筋，捞出洗净。

②锅里放入水，烧开后，放入酱油、料酒、大料、花椒、葱末、姜末，然后把洗净的牛蹄筋放入，中小火煮约 2 个小时。

③捞出牛蹄筋，沥干水分后，放进大盆中，加盖待凉，横向切成片状，摆放盘中。

④碗中放入酱油、醋、蒜末、糖、葱末、精盐、辣椒油、麻油调匀，浇在牛蹄筋上即可。

操作要领

牛蹄筋不易熟，要煮到用筷子可以戳穿为止。

营养贴士

此菜具有美容抗衰的功效。

主料： 玉米粒 200 克，松仁 100 克，青椒、红椒各 1 个

配料： 精盐 5 克，味精 3 克，白糖 15 克，油适量

操作步骤

①青椒和红椒洗净切丁。

②锅中倒油烧热，下入松仁炒香后盛出。

③锅置火上，加油烧热，下入红椒丁和青椒丁稍炒后，再下入玉米粒，炒至入味，再加入炒香的松仁翻炒，调入精盐、味精、白糖炒匀即可。

操作要领

松仁用文火稍炒即可，否则容易炒煳。

营养贴士

此菜具有降低胆固醇、延缓衰老的功效。

视觉享受：★★★★ 味觉享受：★★★ 操作难度：★★★

松仁**玉米**

TIME 15分钟

菜品特点

清香鲜甜
滑嫩可口

山药砂锅牛肉

TIME: 40分钟

菜品特点
口味香浓

视觉享受：★★★★
味觉享受：★★★
操作难度：★★★

主料： 牛肉500克，山药300克

配料： 胡萝卜100克，香菜50克，葱段20克，姜5片，精盐10克，料酒10克，味精、花椒各5克，胡椒粉3克

 操作步骤

①将牛肉切成方块，放沸水中焯5分钟，捞出，洗净控水；山药和胡萝卜洗净切滚刀块；香菜切小段。

②砂锅中放入清水，加入牛肉块、葱段、姜片、料酒，置中火上烧开，撇去浮沫，加花椒，用小火炖。

③待牛肉半熟时，放入山药和胡萝卜，炖约30分钟，牛肉酥烂时，拣出葱段、姜片，放入精盐、味精、胡椒粉，出锅后撒点香菜即可食用。

操作要领

山药去皮后放在盛有白醋的清水中浸泡，可防止山药变黑。

营养贴士

此菜有益脾补肾、活血养颜的功效。

视觉享受：★★★ 味觉享受：★★★★ 操作难度：★★

海米烩双耳

TIME 30分钟

菜品特点

嫩滑适口
香气扑鼻

主料： 虾仁 400 克，银耳、木耳各 200 克

配料： 蒜汁 20 克，植物油、料酒、水淀粉、胡椒粉、精盐、姜各适量

操作步骤

①虾仁解冻后用牙签挑去泥线，洗净，用料酒、精盐和胡椒粉腌渍备用；提前泡发好银耳和木耳；姜切小块备用。

②锅中倒入植物油加热，将虾仁过油盛出；放入蒜汁、姜块爆香，放入过油后的虾仁。

③放入泡发好的木耳和银耳翻炒，加少许精盐，最后用水淀粉勾芡出锅。

操作要领

银耳要用冷水泡发。

营养贴士

此菜具有美容养颜、抗衰老的功效。

主料： 茄子 2 个

配料： 油 100 克，精盐、白糖各 5 克，料酒 20 克，番茄酱 30 克，干淀粉、姜粉各适量

操作步骤

①将茄子洗净、切块，在其表面沾满干淀粉。

②油锅烧热，放入茄子，炸透，盛入盘中。

③锅中放番茄酱，加精盐、料酒、姜粉、白糖，一小碗清水，烧开后，用水淀粉勾芡，把芡汁浇在茄子上即可。

操作要领

茄子切块后放在清水中浸泡，可防止变色。

营养贴士

此菜具有软化血管、抗衰老的功效。

视觉享受：★★★★ 味觉享受：★★★ 操作难度：★★★

炸熘茄子

TIME 25分钟

菜品特点

口味香浓

孜然鳝丝

TIME 40 分钟

菜品特点
孜然酥成
味道鲜美

主料： 鳝鱼 300 克

配料： 油 200 克，孜然 20 克，酱油、醋各 15 克，黄酒 25 克，糖 5 克，味精、香油各 3 克，小红辣椒 2 个，姜 1 块，葱 1 根，蒜、精盐、生粉、干淀粉、郫县豆瓣、花椒粉各适量

视觉享受：★★★★
味觉享受：★★★
操作难度：★★★

操作步骤

①鳝鱼洗净，切成粗丝，并倒入黄酒、生粉，搅拌均匀，腌渍 20 分钟后，拌上干淀粉；小红辣椒、姜、蒜切成末；葱洗净，取葱白切丝。

②将酱油、糖、醋、味精、香油兑成汁备用。

③将油烧热后，下入鳝丝，炸至焦酥，捞出沥油。

④锅内留底油，下入花椒粉、小红辣椒、郫县豆瓣、姜、蒜，爆香一下，倒入炸鳝丝，随即倒入调好的汁，加入精盐、孜然和葱丝，翻炒几下，装入盘内即可

操作要领

鳝鱼一定要买活的，杀后食用，死后食用有毒。

营养贴士

此菜具有美容养颜、抗衰老的功效。

视觉享受 ★★★ 味觉享受 ★★★ 操作难度 ★★★★

糖醋鲤鱼

TIME 40分钟

菜品特点

口味香浓

主料： 鲤鱼600克

配料： 植物油适量，青豆5克，姜丝、葱花各5克，蒜汁5克，酱油、料酒各20克，糖30克，醋40克，精盐3克，湿淀粉10克，香油5克

操作步骤

①鲤鱼收拾干净后，在鱼身两侧斜切几刀，将料酒、精盐撒入刀口腌渍20分钟。

②在鲤鱼刀口处撒上湿淀粉后，放入七成热的植物油中炸至外皮变硬，转微火浸炸3分钟，再转旺火炸至金黄色，捞出摆盘。

③锅内留少许油，放姜丝、蒜汁、糖、酱油、醋及适量的清水烧开，用湿淀粉调稀勾芡，撒葱花、青豆，淋香油，将糖醋汁浇在炸好的鲤鱼上即可。

操作要领

炸鱼时需掌握油的温度，凉则不易上色，过热则外焦而内不熟，鱼尾不能翘起。

营养贴士

此菜具有活血、乌发美颜的功效。

主料： 甲鱼1只，大蒜250克

配料： 植物油200克，香菇40克，绍酒30克，精盐5克，酱油5克，胡椒粉、水淀粉、鲜汤各适量

操作步骤

①在活甲鱼颈部切一刀，沥净血，剁下头，片下甲鱼壳，剁下脚爪，去掉黄色脂肪，入沸水中略烫，刮净粗皮及黑膜，去内脏，剁成块洗净，加精盐、绍酒拌匀，腌入味；大蒜剥皮备用；香菇切片。

②炒锅置旺火上，下油烧至五成热，放甲鱼炸去表面水分，滗去锅中多余的油，烹入绍酒、酱油，加入鲜汤煮沸，加精盐、胡椒粉烧至甲鱼软熟，再加入蒜瓣、香菇，烧至甲鱼软糯汁稠，将甲鱼捞出盛盘。

③将锅中余汤用水淀粉勾芡，淋在甲鱼上即可。

操作要领

甲鱼身上的黄色脂肪腥味很重，要去掉。

营养贴士

此菜具有补养元气、红润肌肤的功效。

视觉享受 ★★★ 味觉享受 ★★★★ 操作难度 ★★★★

蒜子烧甲鱼

TIME 80分钟

菜品特点

肉烂汁浓
味鲜香醇

鸡爪炒猪耳条

TIME 30分钟

菜品特点
口味香浓

🔾 **主料:** 鸡爪 200 克、熟猪耳各 200 克

🔾 **配料:** 油、料酒各 20 克，姜片、蒜片各少许，红椒 1 个，胡萝卜 50 克，精盐、白砂糖各 3 克，生抽 15 克，辣椒粉适量

视觉享受: ★★★★
味觉享受: ★★★
操作难度: ★★★

操作步骤

①将鸡爪剪去指甲，洗净，剁成小块；红椒切丝；熟猪耳切丝；胡萝卜洗净切长条。

②锅内放油，放入蒜片、姜片，爆香后，放入鸡爪翻炒，炒至鸡爪变色，加入熟猪耳，倒点料酒、生抽、白砂糖、精盐、辣椒粉，翻炒至均匀上色，加入红椒丝、胡萝卜条炒至断生即可。

操作要领

熟猪耳选个头大的比较好。

营养贴士

此菜具有美容养颜、润肤的功效。

健脾养胃

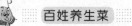

虾仁煮干丝

TIME 25 分钟

菜品特点
口味鲜美

- 主料：虾仁、香芹各 100 克，豆腐干 200 克
- 配料：油 20 克，蒜末 5 克，绍酒 15 克，鸡汤适量，精盐 3 克，胡椒粉 2 克

操作步骤

①豆腐干切丝，焯水备用；香芹洗净后，切段焯水备用；虾仁焯水备用。

②炒锅下油，入蒜末，炒香，加少许绍酒，然后倒入鸡汤烧开。

③加入香芹，下精盐、胡椒粉调味，然后加入豆腐干丝、虾仁，煮开后收汤。

视觉享受：★★★
味觉享受：★★★★
操作难度：★★★

操作要领

要挑选新鲜的大虾仁。

营养贴士

此菜具有清口开胃、排毒抗衰的功效。

视觉享受：★★★ 味觉享受：★★★★ 操作难度：★★★

生煎鸡翅

TIME 20分钟

菜品特点
口感香醇

主料： 鸡翅 500 克

配料： 植物油 30 克，油麦菜 100 克，姜 5 片，生抽 15 克，精盐 5 克，花椒适量

操作步骤

①鸡翅洗净，泡净血水并控干；油麦菜洗净，取其中心嫩叶部分。

②锅中倒植物油，将油加热至 6 成热，放入鸡翅，一面煎好后翻过来煎另一面，将姜和花椒粒码放在煎好的鸡翅上，加生抽、精盐翻炒入味。

③加少量的水烧开，放入油麦菜，盖上锅盖，中火炖鸡翅 10 分钟，收干汤汁，将油麦菜铺在盘中，上面放鸡翅即可。

操作要领

用小火耐心将鸡翅两面煎成金黄。

营养贴士

此菜具有健脾胃、益气、补肾、强心的功效。

主料： 牛肉 200 克，白萝卜 300 克

配料： 蒜末、姜末各 5 克，葱花 15 克，精盐 5 克，老抽、生抽各 10 克，茶油、白糖、黄酒各少许，胡椒粉、辣椒粉、米粉各适量

操作步骤

①牛肉切丝，用精盐、老抽、生抽、白糖、黄酒、胡椒粉和茶油腌渍 20 分钟；白萝卜切丝，用精盐腌片刻，挤出汁水备用。

②把腌好的牛肉丝、姜末、蒜末和白萝卜丝拌在一起，倒入米粉、辣椒粉，用手拌匀。

③蒸锅烧开水，铺上屉布，把牛肉丝、萝卜丝顺蒸锅内壁围一圈，中间留出一块空地，把屉布盖在牛肉丝、萝卜丝上，盖上盖，大火猛蒸 30 分钟左右。

④把蒸好的牛肉萝卜丝倒进碗里，表面撒上葱花即可。

操作要领

蒸的时候，把屉布盖在牛肉丝、萝卜丝上，以免水蒸气滴入菜中。

营养贴士

此菜具有散寒止痛、消食下气的功效。

视觉享受：★★★ 味觉享受：★★★★ 操作难度：★★★★

辣蒸萝卜牛肉丝

TIME 30分钟

菜品特点
香辣可口

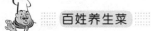

糖醋藕排

TIME 30分钟

菜品特点
色泽红润
酸甜脆爽

视觉享受：★★★
味觉享受：★★★★
操作难度：★★

主料： 嫩藕 400 克

配料： 植物油 100 克，米醋 25 克，酱油 10 克，味精 1 克，鲜汤 50 克，白糖 30 克，精盐 4 克，水淀粉 10 克，富强粉 100 克，发酵粉少许，青椒、红椒各 50 克

操作步骤

①首先将嫩藕洗净去皮，切成条状，撒少许精盐拌匀，沥去水分；富强粉加精盐、味精、发酵粉、清水调成面糊；红椒、青椒切成条状备用。

②锅中倒植物油烧至八成热，将藕条投入面粉糊里挂匀糊，逐块放到油锅里炸，不断翻动炸至金黄色，即捞起沥油。

③锅中留底油，烧至五成热，加入酱油、白糖、鲜汤烧开，加入米醋，用水淀粉勾芡，放入青椒条、

红椒条，再把炸好的藕条下锅翻炒几下，起锅装盘即可。

操作要领

炸藕条时要勤翻动，防止炸糊。

营养贴士

此菜具有益脾胃、养肝脾的功效。

视觉享受：★★★ 味觉享受：★★★★ 操作难度：★★

土豆南瓜炖排骨

TIME 40分钟

菜品特点

香软四溢
风味独特

⊃ 主料： 排骨500克，土豆、南瓜、豆角各200克

⊃ 配料： 植物油20克，花椒粉5克，酱油15克，料酒10克，大料、姜、葱丝、精盐、汤、糖各适量

🍳 操作步骤

①排骨首先用清水浸泡去血水，切成条块状；土豆、南瓜洗净切条状；豆角切段。

②锅置火上，放植物油，加入葱丝和姜炒出香味，放入排骨，然后倒入酱油，加入花椒粉、大料、料酒、精盐、糖，并添少许汤，加入主料中的另外三种菜，继续炖，直至炖熟后出锅装盘即可。

🥄 操作要领

酱油，最好用老抽，可以很好地为排骨上色。

👉 营养贴士

此菜具有开胃消食的功效。

⊃ 主料： 猪肉馅400克

⊃ 配料： 鸡蛋1个，海米、香菇各50克，植物油300克，绍酒10克，白糖10克，酱油5克，精盐5克，味精2克，葱末5克，姜末10克，香油、水淀粉、汤各适量

🍳 操作步骤

①海米剁碎；香菇切小丁入沸水锅中焯烫透，沥净水分。

②猪肉馅加入海米、香菇、绍酒、精盐、鸡蛋、水淀粉调拌均匀，团成4个肉丸子，入六成热的植物油中炸至定形，见表面略硬、金黄色时，控净油，装入砂锅内。

③原锅留少许底油，放入葱末、姜末炝锅，烹绍酒，添汤，加入酱油、白糖，烧开后倒入砂锅中，转小火慢烧1小时左右至熟透，拣去葱末、姜末。

④另起锅，倒出原汁，加精盐、味精，用水淀粉勾芡，淋香油，浇在狮子头上，撒葱末即可。

🥄 操作要领

猪肉馅最好按"七分瘦肉，三分肥肉"的比例挑选。

👉 营养贴士

此菜具有开胃养肝、美容护肤的功效。

视觉享受：★★★★ 味觉享受：★★★ 操作难度：★★★

红烧狮子头

TIME 40分钟

菜品特点

肉香四溢

水煮带鱼

TIME 30分钟

菜品特点
香辣可口

● **主料**：带鱼 400 克
● **配料**：芹菜 50 克，干辣椒、花椒粒各适量，精盐、五香粉各 5 克，葱 1 根，姜末、蒜末各 5 克，味精、胡椒粉各 2 克，料酒、酱油、辣椒酱各 10 克，辣椒面 3 克，植物油 100 克，淀粉 10 克

视觉享受：★★★
味觉享受：★★★★
操作难度：★★★

操作步骤

①带鱼处理干净，切段，加辣椒面、五香粉、胡椒粉、精盐、味精、料酒腌渍入味，加淀粉拌匀；干辣椒切小段；芹菜切段；葱一部分切斜段，一部分切末。

②锅内放植物油，油热后，放葱段、姜末、蒜末、花椒粒、干辣椒煸炒，炒出香味后放入带鱼段，转大火翻匀，加料酒、酱油、辣椒酱，再加适量热水，同时放精盐和味精，锅开后，放入芹菜和

少许葱末，5 分钟左右即可关火。

操作要领

腌鱼时，不可放太多精盐，会咸，而且也会破坏鱼肉的鲜美。

营养贴士

此菜具有开胃消食的功效。

视觉享受：★★★ 味觉享受：★★★★ 操作难度：★★★

虾仁炒干丝

TIME 10分钟

菜品特点

清新鲜嫩

主料： 虾仁 200 克，豆腐干 300 克

配料： 植物油 20 克，姜末、葱段各 5 克，料酒 20 克，香菜 50 克，精盐、胡椒粉各 5 克，麻油 3 克，淀粉、蛋清各适量

操作步骤

①虾仁洗净，加入精盐、胡椒粉、料酒、淀粉和蛋清搅拌均匀上浆备用；豆腐干切丝；香菜切段。

②锅烧热，下植物油，放入姜末爆香，放入上好浆的虾仁迅速滑炒，加入豆腐干丝，快速翻炒均匀，加精盐勾入薄芡，淋入少许麻油，翻炒均匀，撒上香菜段和葱段即可。

操作要领

做虾仁时，最好用清水焯一下，那样炒时不用炒太久，吃起来会感觉很嫩。

营养贴士

此菜具有美容抗衰、健胃开胃的功效。

主料： 鳙鱼头 1 个

配料： 天麻片 15 克，香菇 35 克，虾仁 50 克，植物油 100 克，胡椒粉 2 克，葱花 15 克，姜丝 10 克，精盐 8 克，味精 1 克，猪油 30 克

操作步骤

①虾仁洗净；香菇洗净，在顶部切十字刀花。

②将鳙鱼头洗净，放入烧热的油锅内煎烧片刻，加入香菇、虾仁略炒，加天麻片、清水、猪油、葱花、姜丝、精盐、味精、胡椒粉，开锅后约煮 20 分钟出锅，拣去葱、姜即可。

操作要领

鳙鱼头放入烧热的油锅内煎烧的时间不必太长。

营养贴士

此菜具有开胃、健脑的功效。

视觉享受：★★★ 味觉享受：★★★★ 操作难度：★★★

鱼头汤

TIME 30分钟

菜品特点

肉香四溢

麻辣鸡脖

TIME 50分钟

菜品特点

香味浓郁

➡ **主料：** 鸡脖 300 克

➡ **配料：** 辣酱、花椒各 10 克，葱末、姜末、蒜末各 5 克，精盐 5 克，酱油 15 克，糖、大料、辣椒各 20 克，植物油 50 克

视觉享受：★★★★
味觉享受：★★★★
操作难度：★★★

操作步骤

①鸡脖用水泡 30 分钟，捞出控干。

②锅中放入少许的植物油，放入花椒、辣椒、大料爆香，加入鸡脖煸炒至变色捞出备用。

③另起锅，小火把辣酱炒出红油，放入葱末、姜末、蒜末爆香，放入酱油、糖、精盐，加水烧开，倒入鸡脖，烧开转小火至收干汤汁后捞出鸡脖即可。

操作要领

鸡脖上的油脂要去掉。

 营养贴士

此菜具有开胃健脾的功效。

视觉享受：★★★★ 味觉享受：★★★★ 操作难度：★★★

腊肉香干煲

TIME 30分钟

菜品特点

香辣适口

⇒ 主料： 腊肉 150 克，香干片 10 块
⇔ 配料： 青椒 1 个，葱段 15 克，蒜末 5 克，姜 1 块，红辣椒 2 个，精盐 5 克，糖 3 克，高汤、辣椒酱各适量

操作步骤

①腊肉洗净切薄片；香干片切成三角片；青椒切丝；姜切片；红辣椒切段。
②取一个陶瓷煲，将香干片、青椒丝放入煲内，上面整齐排列腊肉片，放上葱段、姜片、蒜末，加入适量的高汤、精盐、糖、辣椒酱，烧沸后加盖，小火焖 20 分钟，拣去葱段、姜片即可。

操作要领

大火烧沸后，一定要转小火焖 20 分钟，才能入味。

营养贴士

此菜具有除湿祛暑、健胃消食的功效。

⇒ 主料： 咸鱼 200 克，茄子 300 克
⇔ 配料： 红椒、青椒各半个，植物油 200 克，味精 2 克，葱丝、蒜末各 5 克，姜片 10 克，辣椒油 8 克，料酒 15 克，精盐 3 克

操作步骤

①将咸鱼浸泡，切成薄片；茄子洗净，切长条；青椒、红椒切丝。
②植物油锅烧热，放入茄子条过油，迅速捞出。
③将茄子码放在盘中，上面放咸鱼片，调入味精、辣椒油、料酒、蒜末、姜片，放少许精盐，隔水蒸 10 分钟，出锅后拾出姜片，撒上葱丝和青椒丝、红椒丝即可。

操作要领

咸鱼本身就有咸味，所以蒸的时候，要酌情放精盐。

营养贴士

此菜具有温补中虚、暖胃平肝的功效。

视觉享受：★★★ 味觉享受：★★★★ 操作难度：★★★

咸鱼蒸茄子

TIME 20分钟

菜品特点

鲜香爽口

猪血焖鸡杂

视觉享受：★★★
味觉享受：★★★★
操作难度：★★★

TIME 30分钟

菜品特点

香浓爽口

主料： 猪血 200 克，鸡杂 250 克

配料： 青椒、红椒各 1 个，蒜茸 3 克，植物油 300 克，姜米、精盐、味精、辣酱、豆瓣酱各 3 克，蚝油、水淀粉各 3 克，鲜汤 50 克

操作步骤

①将猪血切成小方块，放沸水锅中氽烫，入凉水后捞出备用；鸡杂中的鸡胗去筋膜，在上面划几刀，切成块；鸡肠过水，切成小段；鸡肝切块；青椒、红椒切圈。

②将鸡杂放点精盐、味精、水淀粉上浆腌渍后，迅速过油，沥干。

③锅内留底油，下姜米、蒜茸煸香，下豆瓣酱、辣酱、青椒、红椒、蚝油，倒入鲜汤，烧开后放精盐，

再下入猪血、鸡杂，烧开，出锅装盘即可。

操作要领

猪血、鸡杂不宜久炒，汤汁的多少必须掌握，不可过多。

营养贴士

此菜具有养胃消食、补血防癌的功效。

蒜香肠片

TIME 20分钟

菜品特点
香辣爽口

主料： 猪大肠250克，红辣椒1个，蒜苗25克

配料： 生姜1小块，大蒜10瓣，食用油30克，香油、酱油各5克，高汤40克，料酒20克，胡椒粉、味精各2克，蚝油2克，精盐3克

操作步骤

①猪大肠洗净，放入沸水中，用中火煮至八成熟，捞起切厚片；生姜切片；红辣椒、蒜苗洗净切斜段；大蒜切块。

②锅内放食用油，烧热，放入姜、大蒜爆香，放入猪大肠，烹入料酒，注入高汤煮开，调入精盐、味精、蚝油、酱油。

③用小火煨至大肠酥烂时下红辣椒、蒜苗煮片刻，撒入胡椒粉，淋入香油即可。

操作要领

肥肠一定要洗净，去除异味。

营养贴士

此菜具有开胃消食的功效。

主料： 土豆350克

配料： 油300克，青椒、红椒各1个，精盐、白糖各5克，辣椒酱20克，料酒15克，味精3克，葱、姜、蒜各适量

操作步骤

①将土豆去皮洗净，切成小丁；青椒和红椒切丁；葱、姜、蒜切末。

②将土豆丁入六成热油锅内炸透，倒入漏勺滤油。

③锅内留底油，放入葱末、姜末、蒜末炝锅，放入辣椒酱炒香，再放入土豆丁，炒片刻，放入青椒丁和红椒丁，加料酒、精盐、味精、白糖烧透即可。

操作要领

这个菜也可以在出锅前用水淀粉勾薄芡。

营养贴士

此菜具有开胃健胃的功效。

香辣土豆丁

TIME 20分钟

菜品特点
香辣适口

糖醋黄花鱼

TIME 40分钟

菜品特点
酸甜适口

视觉享受：★★★★
味觉享受：★★★
操作难度：★★★

> **主料**：黄花鱼1条
> **配料**：水发香菇1个，熟松仁10克，植物油500克，精盐5克，酱油5克，鸡精3克，白醋15克，糖10克，番茄酱20克，葱、姜、蒜、干淀粉各适量

操作步骤

①黄花鱼洗净，在鱼的两面划几刀，加精盐、鸡精、酱油腌渍20分钟；水发香菇切丁；葱、姜、蒜切末；用白醋、酱油、精盐、糖、番茄酱调好糖醋汁备用。

②把腌渍好的黄花鱼打上一层薄干淀粉，放到八成热的油锅中炸成两面金黄，捞出备用。

③锅中留底油，爆香葱末、姜末、蒜末，倒入糖醋汁，放入香菇丁、熟松仁，小火熬5分钟，用水淀粉勾芡，将其浇在鱼上即可。

操作要领

腌渍黄花鱼的时间越长，味道越好；炸鱼时要注意火候。

营养贴士

此菜具有温补中虚、暖胃平肝的功效。

视觉享受：★★ 味觉享受：★★★ 操作难度：★★

水炒鸡蓉菠菜

TIME 20分钟

菜品特点
制作简单
鲜香适口

主料： 菠菜 200 克，鸡肉 100 克

配料： 鸡蛋清 50 克，彩椒 50 克，胡椒粉、料酒、鸡精、精盐、水淀粉、葱、姜各适量

操作步骤

①葱、姜切末；鸡肉打碎做成鸡蓉，加少许葱、姜、料酒、精盐、胡椒粉、鸡蛋清备用；彩椒切碎备用。

②将菠菜洗净、切段，用开水焯熟备用。

③坐锅点火，倒适量水，水开后加精盐、鸡精、胡椒粉、料酒、彩椒，用水淀粉勾芡，放入鸡蓉和菠菜，煮熟即可。

操作要领

菠菜焯水可以去除涩味。

营养贴士

菠菜烹熟后软滑易消化，特别适合老、幼、病、弱者食用，另外，长期面对电脑的人也应常食菠菜。

主料： 泡豇豆、肉末各 200 克

配料： 油 20 克，青椒半个，泡红辣椒、泡姜、泡青菜各适量，生姜末 20 克，料酒 20 克，精盐 5 克，鸡粉 3 克，花椒粒、生粉各少许

操作步骤

①肉末用料酒、生粉、生姜末、少许精盐腌上。

②把泡豇豆，泡青菜、泡姜、泡红辣椒、青椒切碎备用。

③炒锅放油，烧热下花椒粒爆香，下肉末煸炒至肉末微黄，香味出来，倒入泡豇豆、青椒、泡红辣椒、泡姜、泡青菜翻炒均匀，下鸡粉、精盐调味，拣去花椒粒起锅即可。

操作要领

生粉不要放太多，比做肉丸的量要少，也可不放生粉。

营养贴士

此菜具有降压、降低胆固醇、开胃养胃的功效。

视觉享受：★★★ 味觉享受：★★★★ 操作难度：★★

肉末炒泡豇豆

TIME 20分钟

菜品特点
鲜香可口

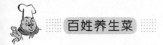

藕丝糕

TIME 25 分钟

菜品特点
甜润清香
爽口即化

● **主料：** 糯米粉 250 克，藕 80 克
● **配料：** 白糖 100 克

视觉享受：★★★★
味觉享受：★★★
操作难度：★★

操作步骤

①把藕洗净，削去外皮，切成细丝，控净水分，放入糯米粉内拌匀。

②把拌好的糯米藕丝放在铺上白布的木格内，用旺火蒸 20 分钟，即可出屉。

③待藕丝糕凉透后，将其切成方块，码放盘内，撒上白糖即可食用。

操作要领

蒸藕丝糕时要用旺火。

营养贴士

此菜具有开胃健脾、美容养颜的功效。

视觉享受：★★★★　味觉享受：★★★　操作难度：★★

拔丝莲子

TIME 20 分钟

菜品特点

香甜可口

⊃ **主料：** 莲子 300 克

⊃ **配料：** 油 300 克，面粉、淀粉各 30 克，白糖 20 克

🍳 操作步骤

①莲子泡发，放锅内煮 20 分钟，捞出备用。

②煮熟的莲子先裹上一层面粉，再裹上一层淀粉。

③锅内放油烧热，把裹好的莲子放油里炸，炸至变色捞出。

④锅内放入一勺水烧开，放入白糖，不停地搅拌，待糖汁黏稠变黄色时，放入炸好的莲子，搅拌均匀，盛出即可。

🥄 操作要领

白糖化后，要转小火不停地搅拌，待糖汁由大泡翻腾变成小泡时，再放莲子。

👉 营养贴士

此菜具有抗衰、开胃的功效。

⊃ **主料：** 鸭子半只，嫩姜 1 整块

⊃ **配料：** 油 500 克，精盐 5 克，辣椒 20 克，辣椒酱适量，料酒 50 克，干辣椒 2 个，花椒少许

🍳 操作步骤

①嫩姜洗净切片备用；鸭肉切块，用料酒腌 30 分钟备用。

②倒掉料酒，用厨房纸将鸭块上的料酒吸干。

③锅中多放些油，烧热后放入花椒和干辣椒爆香，放入鸭块和辣椒酱，等到鸭肉开始变干，微微发黄的时候，放入嫩姜片继续爆炒，直到嫩姜片变干，倒出多余的油。

④加些料酒和精盐焖煮 15 分钟，水收干后即可出锅。

🥄 操作要领

焖煮过程中注意不要把水烧干了，若是干了，可以继续添加料酒或者水。

👉 营养贴士

此菜具有健脾益气、清热化痰的功效。

视觉享受：★★★★　味觉享受：★★★　操作难度：★★★

姜爆鸭

TIME 40 分钟

菜品特点

香味浓郁

粉丝烩牛肉

TIME 30 分钟

菜品特点
香味浓郁

> **主料：** 牛肉 500 克，粉丝 1 捆
>
> **配料：** 植物油 30 克，大料 2 个，辣椒酱 20 克，白芝麻 10 克，酱油 15 克，白糖 5 克，鸡精 3 克，麻油 3 克，高汤、葱、姜、蒜各适量

操作步骤

①牛肉洗净，切块，放入沸水锅中煮一下，盛出浮沫；葱切末；姜切丝；蒜切末，粉丝泡发好备用。

②锅中植物油热后，放葱末、姜末、蒜末、大料炝锅，倒入辣椒酱、白芝麻，煸炒出香味，倒入牛肉块煸炒片刻，再放入高汤、粉丝、酱油、白糖、鸡精烧开，炖一会儿出锅装盘，放麻油、葱末即可。

视觉享受：★★★★
味觉享受：★★★
操作难度：★★★

操作要领

煮牛肉时，一定要盛出浮沫。

营养贴士

此菜具有健脾开胃的功效。

视觉享受：★★★★　味觉享受：★★★　操作难度：★★★★

蛏干烧肉

TIME 40分钟

菜品特点

香味浓重

⊃ 主料： 带皮的五花肉500克，蛏干200克

☞ 配料： 冬笋50克，葱花3克，姜末2克，精盐3克，酱油30克，白糖5克，湿淀粉5克，黄酒15克

🍳 操作步骤

①将蛏干洗净放碗内，加适量清水，以淹没蛏干为度，上笼蒸熟取出；带皮五花肉刮洗净，切成块；冬笋去皮，洗净，煮熟，切片。

②蒸蛏干的原汁，过滤后备用。

③五花肉放入沸水中煮，撇去浮沫，片刻后改用小火烧至五成烂时，加入姜末、白糖、黄酒、酱油、精盐、笋片、蛏干和原汁。

④继续烧至五花肉烂时，用湿淀粉调稀勾芡，起锅装盘，撒上葱花即可。

🕛 操作要领　◀◀◀

蛏干要仔细清洗，放在清水中，用筷子搅动，淘尽泥沙和粪杂。

👉 营养贴士

此菜具有补钙、防癌、开胃的功效。

⊃ 主料： 牛肉600克，白萝卜300克

☞ 配料： 香芹50克，花生油20克，辣椒酱10克，花椒15克，精盐、糖各5克，大料适量，鲜汤150克

🍳 操作步骤

①牛肉切大块，先用热水汆烫一下，沥干水分备用；白萝卜切方块，过沸水焯一下；香芹切丁，过沸水焯一下；花椒、大料用纱布包好，做成香料包。

②锅坐旺火上，下花生油烧至三成熟，放入辣椒酱炒至油呈红色，加入鲜汤，放牛肉、香料包、精盐、糖烧开，滗弃浮沫，改用小火烧至熟烂。

③将白萝卜块和香芹下锅，放精盐后继续烧，至汁浓肉烂，取出香包即可。

🕛 操作要领　◀◀◀

牛肉要炖至酥软。

👉 营养贴士

牛肉能补脾胃，益气血，强筋骨。

视觉享受：★★★★　味觉享受：★★★★　操作难度：★★★

红烧牛肉

TIME 40分钟

菜品特点

味道鲜美

辣椒炒鸡丁

TIME 15分钟

菜品特点 味道鲜美 香辣爽口

● **主料：** 鸡脯肉 200 克，红椒、青椒各 100 克

● **配料：** 花生油 200 克，精盐、味精各 2 克，酱油 25 克，水淀粉 10 克，料酒 5 克，葱末、姜末各 5 克，花椒油 2 克，蛋清、清汤各适量

视觉享受：★★★★
味觉享受：★★★
操作难度：★★★

操作步骤

①将鸡脯肉切成小丁，用精盐、蛋清、水淀粉拌匀，腌渍片刻；青椒、红椒洗净切成小段。

②炒锅置中火上，加花生油烧至五成热时下入鸡丁炒散，取出沥油。

③炒锅内留底油，烧至六成热时放入葱末、姜末和青椒、红椒煸炒，然后放入酱油、料酒、清汤、鸡丁、味精翻炒，再用水淀粉勾芡，淋花椒油，翻炒均匀，装盘即可。

操作要领

本菜有油炸过程，需多备花生油。

营养贴士

此菜具有开胃消食的功效。

视觉享受：★★★ 味觉享受：★★★★ 操作难度：★★★

米粉蒸南瓜

TIME 30分钟

菜品特点

香软可口

● **主料：** 南瓜 500 克，米粉 15 克

● **配料：** 葱、姜各 15 克，色拉油、料酒各 8 克，白糖 8 克，胡椒粉、酱豆腐各 5 克，精盐 3 克，味精 1 克

操作步骤

①鲜嫩南瓜去皮，切滚刀块；米粉用热水泡透；葱、姜切末。

②料酒和酱豆腐同放在碗中，碾成蓉状。

③南瓜、色拉油、米粉、葱末、姜末、酱豆腐、白糖、精盐、味精、胡椒粉一起放在碗中拌匀，大火蒸熟即可。

操作要领

米粉需要加入等量的水，跟南瓜拌匀后检查一下，不要留有干燥的粉粒。

营养贴士

吃南瓜可以帮助胃消化保护胃粘膜，南瓜中含有的果胶还可以保护胃肠道黏膜，免受粗糙食品刺激，促进溃疡愈合，所含成分能促进胆汁分泌，加强胃肠蠕动，帮助食物消化，适宜于胃病者。

● **主料：** 鸡胗 300 克，花生米 500 克

● **配料：** 姜 1 块，精盐 3 克，味精 2 克，淀粉适量

操作步骤

①鸡胗用精盐、淀粉清洗净，筋膜去掉，交叉切成菱形格；姜切菱形片。

②将鸡胗装入炖盅，加些姜片，炖盅中加入适量水，盖上盖子，用蒸锅隔水蒸，快熟的时候，撒些花生米，加精盐和味精调味，蒸熟即可。

操作要领

鸡胗一定要洗干净。

营养贴士

此菜具有开胃消食的功效。

视觉享受：★★★ 味觉享受：★★★★ 操作难度：★★★

花生米胗花汤

TIME 60分钟

菜品特点

味道鲜美

老干妈回锅鱼

视觉享受：★★★★
味微享受：★★★
操作难度：★★★

TIME 40分钟

菜品特点
汤汁香浓
香辣适口

● **主料：** 草鱼 750 克

● **配料：** 植物油 500 克（实耗 75 克），老干妈豆豉、鲜汤各 50 克，红椒、青椒各 20 克，鸡蛋清适量，精盐 3 克，味精 4 克，水淀粉、料酒各 10 克，辣椒粉 5 克，香油 5 克，葱末 10 克，蒜末 25 克，姜末 5 克

 操作步骤

①将草鱼去骨取肉，切成片，用葱末、姜末、料酒腌渍 10 分钟，去除葱、姜，用鸡蛋清、水淀粉、精盐、味精抓匀上浆；青椒、红椒去蒂，切成小丁。

②净锅置旺火上，放入植物油，烧至六成热时下入鱼片，炸成金黄色，倒入漏勺沥油。

③锅内留底油，下入蒜末、青椒、红椒、老干妈豆豉、辣椒粉炒香，再下入草鱼片，调入少许鲜汤，加入精盐、味精，稍焖入味，用水淀粉勾芡，淋香油，出锅装入盘内即可。

操作要领

草鱼片要切的薄厚均匀。

☞ **营养贴士**

此菜具有开胃、健脑、抗衰老的功效。

视觉享受 ★★★ 味觉享受 ★★★★ 操作难度 ★★★

粉皮回锅鱼

TIME 30分钟

菜品特点
鲜香味浓

主料： 草鱼 500 克，粉皮 100 克

配料： 植物油 20 克，葱段、姜片各 10 克，精盐、糖各 5 克，鸡精 3 克，海鲜酱 20 克，料酒 15 克，葱花、蒜末各 5 克，辣椒油 10 克，高汤适量

操作步骤

①草鱼清理干净，取肉去骨后切成大厚片，用料酒、精盐腌渍备用；粉皮切片，焯水备用。

②锅内入植物油烧热，入葱段、姜片煸香，放入腌渍的草鱼片和粉皮，加入海鲜酱、糖、精盐、鸡精、辣椒油，翻炒均匀。

③加入高汤，炖至汤变黏稠，撒上葱花和蒜末即可。

操作要领

草鱼一定要清理干净。

营养贴士

此菜具有健脾养胃的功效。

主料： 鲜活黄鳝 500 克，香芹 100 克

配料： 豆瓣 20 克，植物油 50 克，料酒 15 克，姜丝、蒜末各 10 克，精盐 3 克，酱油、醋、麻油各 10 克，花椒面 5 克

操作步骤

①黄鳝剖腹去骨，斩去头尾，切成细丝；香芹切成长条；豆瓣剁细。

②炒锅置火上，倒植物油，下鳝鱼丝煸至水分基本挥发后，烹入料酒。

③移偏火上略焙约 3 分钟，然后移正火上提锅煸炒，并下豆瓣，煸至油呈红色，下姜丝、蒜末炒匀，加精盐、酱油、醋、香芹稍炒，淋少许麻油和匀，起锅装盘，撒上花椒面即可。

操作要领

要选肚黄肉厚的鲜活黄鳝。

营养贴士

此菜具有养胃健脾的功效。

视觉享受 ★★★★ 味觉享受 ★★★ 操作难度 ★★★

干煸鳝鱼丝

TIME 20分钟

菜品特点
色泽红亮
鲜香味浓

香炸鱿鱼圈

TIME 20分钟

菜品特点
味道香次
口感酥脆

● **主料：** 鱿鱼 400 克

● **配料：** 油 500 克，料酒 20 克，玉米粉、椒盐各适量

视觉享受：★★★★
味觉享受：★★★
操作难度：★★

操作步骤

①先将鱿鱼去皮，去头，切成圆圈，加入料酒腌渍备用。

②沥干料酒，裹上干的玉米粉，等待返潮后，再裹一次干粉。

③锅内入油，烧热后，放入再次返潮的鱿鱼圈。

④炸到鱿鱼圈呈金黄色就可以捞出了，趁热撒上椒盐，搅匀即可。

操作要领

鱿鱼一定要去皮，沥干水分，可以避免油爆。

营养贴士

此菜具有健胃、开胃的功效。

视觉享受：★★★★ 味觉享受：★★★ 操作难度：★★

奶汁虾仁

TIME 20 分钟

菜品特点
奶香细嫩
鲜味醇香

- **主料：** 虾仁、牛奶各 300 克
- **配料：** 鸡蛋清、青豆各适量，精盐 3 克，鸡精 2 克，料酒 15 克，水淀粉、清汤、油各适量

操作步骤

①虾仁洗净，加入精盐、鸡精、料酒、鸡蛋清、水淀粉拌匀；青豆洗净备用。

②牛奶倒入器皿中，放入精盐、鸡精、水淀粉调成牛奶糊。

③坐锅点火，放入油，油热后将牛奶糊倒入油中搅匀，捞出控干油。

④将上好浆的虾仁和青豆过油滑熟捞出。

⑤锅内留余油，油热加入清汤、精盐、料酒、鸡精，烧开后用水淀粉调成稀芡，倒入牛奶糊、虾仁、青豆，装入盘中即可。

操作要领

牛奶放入油锅后，用勺慢慢推动牛奶，成雪白块状浮在油上即可。

营养贴士

此菜有健胃、助消化的功效。

- **主料：** 糯米、面粉各 500 克，肉末 300 克
- **配料：** 植物油 500 克，葱末、姜末各 5 克，甜面酱 1 袋，榨菜、鲜冬笋各 1 个，鸡蛋 3 个，鲜香菇 5 个，酱油 15 克，高汤、豆浆各适量

操作步骤

①糯米泡好，放在屉上蒸 20 分钟；鲜冬笋、鲜香菇切丁焯水；面粉、豆浆调成面糊，静置 1 小时；榨菜切末备用。

②炒锅放植物油，油热放葱末、姜末炒香，放肉末，入酱油、甜面酱、高汤，炒熟后盛出，再将鲜冬笋、鲜香菇与肉末拌在一起。

③平底锅内放油，放 2 勺面糊，摊成薄饼，鸡蛋打匀倒在饼上，饼翻面，糯米趁热平铺在饼面上，再均匀地撒上调好的肉末和榨菜末。

④把饼对折，稍煎一下，食用时切成方块即可。

操作要领

注意掌握火候。

营养贴士

此菜具有健脾开胃的功效。

视觉享受：★★★ 味觉享受：★★★ 操作难度：★★★★

武汉豆皮

TIME 40 分钟

菜品特点
香味浓郁

 虾皮炒韭菜

菜品特点

清新爽脆

> **主料:** 韭菜 350 克,虾皮 100 克
> **配料:** 植物油 200 克,姜 1 块,料酒 10 克,精盐 5 克,蚝油 5 克

 操作步骤

①韭菜择去黄叶,洗净切段;虾皮洗净沥干;姜切成碎末。

②热锅倒植物油,下入虾皮与姜末,小火将虾皮炒至金黄酥脆后下入少量料酒,炒匀,下入韭菜,转大火。

③加入适量的精盐与蚝油,翻炒约两分钟后即可出锅。

视觉享受: ★★★★
味觉享受: ★★★
操作难度: ★★

操作要领

炒虾皮时要用小火,以免烧焦;下入韭菜后炒的时间不要太长。

营养贴士

此菜具有益气开胃的功效。

118

视觉享受：★★★ 味觉享受：★★★★ 操作难度：★★★

香菇炒土豆条

TIME 20分钟

菜品特点
咸鲜适口

主料： 香菇8朵，土豆2个

配料： 青椒、红椒各半个，油20克，蒜片8片，生抽10克，精盐5克，白糖、五香粉、味精各3克

操作步骤

①土豆削皮，切成长条，放入热水锅中煮熟；香菇洗净切条；青椒、红椒切条。

②锅中加适量油，煸香蒜片，倒入香菇翻炒，倒入煮熟的土豆条和青椒、红椒，加生抽、精盐、白糖、五香粉、味精，加小半碗水，盖上锅盖，小火焖2~3分钟即可。

操作要领

煮土豆的时候，用筷子能插断就是熟了。

营养贴士

此菜具有清热解腻、开胃消食的功效。

主料： 兔肉300克，青椒、红椒各100克

配料： 油300克，精盐3克，料酒、白糖、胡椒粉、淀粉、葱末、姜末各适量

操作步骤

①兔肉切丝；青椒、红椒去蒂切丝。

②兔肉加精盐、料酒、白糖、胡椒粉、淀粉搅拌均匀备用。

③炒锅烧热，倒入油，油热后下入葱末、姜末爆香，随即倒入兔丝滑炒过油，肉丝变色后即盛出。

④炒锅内再放油，倒入青椒丝、红椒丝煸炒，略炒片刻后加精盐调味，倒入兔丝一同煸炒均匀，撒入胡椒粉即可出锅。

操作要领

大火快炒，以保持肉质鲜嫩。

营养贴士

此菜具有益气开胃的功效。

视觉享受：★★★ 味觉享受：★★★★ 操作难度：★★★

辣椒兔丝

TIME 20分钟

菜品特点
白嫩诱惑

蒜茸蒸茄子

TIME 15分钟

菜品特点
口感鲜嫩
蒜味香浓

● **主料：** 茄子 200 克
● **配料：** 植物油 20 克，精盐 5 克，蒜适量，香油 3 克，葱花 5 克

操作步骤

①茄子洗净，将蒂去掉，切成条状；蒜切茸。
②在茄子表面抹点油，放入蒸锅内，盖上锅盖清蒸大约 10 分钟，蒸好后，放入盘中，淋点香油。
③锅内倒植物油，放蒜茸爆香，加精盐调味，爆炒一下，将其倒在蒸好的茄子上，搅拌均匀，撒点葱花即可。

操作要领

蒜茸和油一定要炒熟，茄子清蒸肉质软烂，配上蒜茸非常香。

营养贴士

茄子含有龙葵碱，能抑制消化系统肿瘤的增殖，对于防治胃癌有一定效果。常吃茄子对慢性胃炎、肾炎水肿等疾病都有一定的治疗作用。

心脑血管

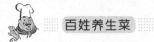

子姜牛肉

TIME 40分钟

菜品特点
口味香浓

视觉享受：★★★★
味觉享受：★★★
操作难度：★★★

> **主料：** 牛肉150克，子姜100克
> **配料：** 淀粉50克，红椒50克，植物油30克，精盐4克，料酒8克，酱油5克，苏打粉、胡椒粉、味精各1克，上汤20克

 操作步骤

①牛肉洗净，去筋膜，切成片，放入苏打粉和适量的水，再加入少量精盐、料酒、淀粉，腌渍片刻；子姜削净皮洗净切成片；红椒切成条块状。

②取小碗，放入精盐、料酒、酱油、味精、胡椒粉、上汤、淀粉，调成芡汁。

③炒锅上火，倒入植物油，油热时下入牛肉，用锅铲快速推散至九成熟，捞起，随即倒入子姜、红椒翻炒数下，再倒入牛肉略炒，再烹入芡汁炒

数下，待芡汁紧裹均匀时起锅入盘即可食用。

操作要领

牛肉要去除筋膜，口感才好。

营养贴士

此菜具有防止肥胖，预防动脉硬化、高血压和冠心病的功效。

视觉享受：★★★★　味觉享受：★★★　操作难度：★★★

罗汉斋

TIME 15分钟

菜品特点

满腹爽口

⊃**主料：** 西蓝花 100 克，荷兰豆、黄瓜、藕各 50 克，木耳 20 克，胡萝卜、尖椒、平菇各 10 克

⊃**配料：** 植物油 20 克，蒜茸 10 克，精盐 3 克，鸡精 2 克

操作步骤

①将胡萝卜切成花形；黄瓜切片；平菇撕成小片；尖椒切段，西蓝花、木耳洗净切成小朵；藕洗净切块，荷兰豆两侧去筋洗净。

②锅置火上，加适量清水，调入少许精盐、鸡精，大火烧沸，放入备好的原材料焯烫，捞出沥干水分。

③锅加油烧热，放进蒜茸炒香，倒入焯过的原材料翻炒，调入精盐、鸡精炒匀至香，出锅即可。

操作要领

用旺火快炒，保持菜的鲜脆。

营养贴士

此菜具有保护心血管的功效。

⊃**主料：** 鸡翅 300 克

⊃**配料：** 油 500 克，葱末、姜片、大料、辣豆豉各适量，黄酒 20 克，精盐、白糖各 3 克，生抽 15 克

操作步骤

①鸡翅洗净，控干水分，在两面分别划两刀。

②平底锅烧热，倒入少许油，将鸡翅放入，煎至两面微黄，放入葱末、姜片、大料煸炒。

③砂锅放火上，将鸡翅移入锅内，倒入黄酒、辣豆豉、精盐、白糖、生抽。

④大火烧开，转小火，焖煮至汤汁收干，出锅装盘即可。

操作要领

砂锅内没有加水，一定要小火煨炖，小心糊锅。

营养贴士

此菜具有开胃、强健血管的功效。

视觉享受：★★★★　味觉享受：★★★　操作难度：★★★

豉香鸡翅

TIME 30分钟

菜品特点

鲜美清嫩

芥末扇贝

TIME 5分钟

视觉享受 ★★
味觉享受 ★★★
操作难度 ★★

> **主料：** 扇贝 500 克
> **配料：** 酱油 15 克，芥末膏 10 克，豆蔻粉 5 克，葱花、精盐各少许

操作步骤

①扇贝撬开，去除黑色的内脏和黄色的睫毛状鳃，取出贝肉放入清水中洗净；取适量贝壳用牙刷刷干净。

②锅中烧开水，放入贝肉快速焯水，捞出过凉水，沥干水分；贝壳放入水中焯一下，捞出过凉水，沥干水分，摆在盘边作装饰。

③芥末膏、豆蔻粉、精盐拌匀，与酱油分别淋在贝肉上，撒上葱花即可。

操作要领

清洗贝肉时，顺时针轻轻搅拌，贝肉里的泥沙就会沉入碗底，再以清水冲洗即可。

营养贴士

此菜具有暖脾胃、解毒、保护心脑血管的功效。

视觉享受：★★★★ 味觉享受：★★★ 操作难度：★★★★

酸辣肘子

TIME 60分钟

菜品特点

外浓香醇

● **主料：** 猪肘子1个

● **配料：** 小野山笋50克，野山椒30克，油200克，豆瓣酱20克，白芝麻5克，葱花5克，红油、辣椒粉、白砂糖、陈醋、蚝油、味精、鸡精、高汤、精盐、卤水各适量

🍴 操作步骤

①猪肘子烫去毛，入沸水中煮至八成熟。

②锅烧油至七、八成热，放入肘子炸至金黄色捞出沥油。

③卤水烧开，放肘子卤至酥烂，备用。

④锅下油，加入除卤水、芝麻、葱花外的所有配料烧开，加肘子一起焖至入味装盘，撒上芝麻、葱花即可。

🥄 操作要领

炖得时间可以长点，使肘子更加入味。

👉 营养贴士

此菜具有保护心脑血管的功效。

● **主料：** 腐竹300克，带皮猪肉200克

● **配料：** 植物油30克，精盐5克，蒜汁20克，酱油10克，料酒15克，淀粉适量

🍴 操作步骤

①带皮猪肉切块，用精盐、料酒、淀粉腌10分钟；腐竹切小段。

②锅中放植物油，烧至五成热时放入腐竹炒一下，添些水，焖煮，直到腐竹变软，盛出备用。

③锅中放些油，倒入蒜汁，再放入肉块，倒少许酱油，肉变色以后，倒入腐竹、精盐，翻炒均匀，用水淀粉勾芡即可。

🥄 操作要领

腐竹要用凉水泡发，没有硬心就可以了。

👉 营养贴士

此菜具有保护心脑血管的功效。

视觉享受：★★★★ 味觉享受：★★★ 操作难度：★★★

腐竹炒肉

TIME 20分钟

菜品特点

汁浓香醇

清蒸鳜鱼

TIME 30分钟
菜品特点
清香可口

视觉享受：★★★★
味觉享受：★★★
操作难度：★★★

- **主料**：鳜鱼1条
- **配料**：植物油20克，火腿、鲜香菇各30克，精盐5克，料酒15克，葱、老姜、蒸鱼豉油各适量

操作步骤

①鳜鱼去除内脏、鳃和鳞，用清水冲洗干净，在鱼身两面各切五刀，擦上精盐和料酒腌渍10分钟；葱切成葱丝；老姜切细丝；火腿切丝；鲜香菇切条。

②盘中垫葱丝和姜丝，在鱼肚中塞入少量葱、姜，鱼身上放火腿、香菇，大火烧开蒸锅中的水，将装有鱼的盘子放入蒸屉，加盖，大火蒸7分钟。

③将蒸好的鱼另外装盘，在鱼身上撒葱丝、姜丝，淋上蒸鱼豉油备用。

④大火加热炒锅中的植物油至七成热，趁热淋在鱼身上，即可上桌。

操作要领

蒸鱼熄火后不要马上打开锅盖，闷1分钟后取出。

营养贴士

此菜具有降低胆固醇，防治血管硬化、高血压和冠心病的功效。

观赏享受：★★★★ 味觉享受：★★★ 操作难度：★★★

清炖排骨

TIME 60分钟

菜品特点
清香可口

主料： 猪排骨400克，白萝卜200克

配料： 精盐5克，姜1块，鸡精少许，老汤2碗，枸杞6克

操作步骤

①猪排骨洗净，剁成块状，放入注水的锅中，加热烧沸后捞出排骨；白萝卜洗净切块；姜切片。

②将烫过的猪排骨装入容器中，上屉蒸10分钟取出。

③将白萝卜、猪排骨和老汤放入锅中同煮，加精盐、鸡精、姜片入味，待排骨快熟的时候撒上枸杞，再炖10分钟即可。

操作要领

枸杞应在收尾的时候再放，防止大量营养成分流失。

营养贴士

此菜具有减肥、清热、保护心血管的功效。

主料： 牛肉、土豆各200克

配料： 植物油30克，红椒、西红柿各1个，生菜1棵，精盐、大料、桂皮、香叶、料酒、葱段、姜片各适量

操作步骤

①土豆洗净去皮切方块；牛肉切小块，放入沸水中煮出血沫捞出；红椒洗净切小片；生菜切段；西红柿切块。

②锅内倒植物油，烧热后加葱段、姜片爆香，放入牛肉，加入大料、桂皮、香叶、料酒，接着注入水，大火烧沸后转小火慢炖40分钟。

③再放入土豆、西红柿、红椒，调入精盐，继续炖20分钟即可。

操作要领

做这道菜，放入西红柿，可令牛肉颜色红润、味道丰富。

营养贴士

此菜具有通便和降低胆固醇的作用。

观赏享受：★★★★ 味觉享受：★★★ 操作难度：★★★

土豆烧牛肉

TIME 60分钟

菜品特点
香味浓郁

春笋炒鸡蛋

TIME 20 分钟

菜品特点
笋粒鲜美
蛋香浓郁

⊙ **主料**：春笋 250 克，鸡蛋 3 个
⊙ **配料**：胡萝卜 30 克，葱粒 10 克，精盐、生抽、白糖、油各适量

视觉享受：★★★★
味觉享受：★★★★
操作难度：★★★

🔄 操作步骤

①春笋洗净，放入沸水中氽烫 2 分钟，切丁；胡萝卜洗净切丁；鸡蛋打散。

②炒锅中倒油烧热，把鸡蛋倒入锅中，边倒边用筷子划成蛋絮盛出。

③锅中置油烧热，放入春笋、胡萝卜翻炒几下，然后加入炒好的鸡蛋，加精盐、生抽和白糖拌炒均匀，最后洒上葱粒，即可上碟。

♪ 操作要领

煸炒时，春笋、胡萝卜应先煸炒一会儿再放入炒鸡蛋，否则鸡蛋容易炒得过老，不够嫩滑好吃。

☞ 营养贴士

此菜具有帮助消化、增强抵抗力的功效。

视觉享受：★★★★ 味觉享受：★★★ 操作难度：★★★

桂花南瓜

TIME 15分钟

菜品特点
香甜味美

⊙ 主料: 南瓜 200 克
⊙ 配料: 桂花糖 20 克

🍳 操作步骤

①南瓜去皮去籽，切成条，放入蒸锅中蒸熟。
②整齐地摆放在盘中，淋上桂花糖即可食用。

⚑ 操作要领 ◀◀◀

南瓜不需要蒸太长时间。

☞ 营养贴士

南瓜中的抗氧化剂 β – 胡萝卜素具有护眼、护心的作用，还能很好地消除亚硝酸胺的突变，防止癌细胞的出现。

⊙ 主料: 红薯粉 200 克，黄瓜、木耳各 50 克，肉末 40 克，红椒 30 克
⊙ 配料: 葱、姜、蒜、生粉各适量，酱油 10 克，糖、精盐各 5 克，油 20 克

🍳 操作步骤

①烧开水加少许精盐，将红薯粉煮至八分熟后过凉水后捞出；葱、姜、蒜切末；肉末加少许精盐和生粉腌几分钟备用；黄瓜去皮切丝；红椒切丝；木耳焯水切丝。
②热锅烧油，下葱末、姜末、蒜末爆香，下肉末翻炒，下入红椒，再下入煮好的红薯粉翻炒均匀后，加入木耳和黄瓜，加酱油、糖、精盐调味。
③在锅里加少量水，中火翻炒几分钟，直至收汁即可。

⚑ 操作要领 ◀◀◀

干红薯粉较硬，最好煮到七八分熟的样子，炒起来会更软更入味。

☞ 营养贴士

此菜具有降压、保护心血管的功效。

视觉享受：★★★★ 味觉享受：★★★ 操作难度：★★

黄瓜炒薯粉

TIME 15分钟

菜品特点
清淡爽口

萝卜丝炖河虾

视觉享受：★★★★
味觉享受：★★★
操作难度：★★

TIME 20分钟

菜品特点
滑润爽口

主料: 河虾 250 克，萝卜 300 克

配料: 粉条 200 克，油 20 克，葱、姜各适量，精盐、味精各 5 克

操作步骤

①河虾处理干净备用；萝卜洗净切成丝；葱切成葱花；姜切碎备用，粉条浸泡备用。

②锅里加油烧热，加葱、姜爆出香味，把河虾放进锅里，闻到香味后放入萝卜丝和粉条，再加适量的水，把锅盖上炖 10 分钟，然后放精盐、味精，搅拌均匀，撒葱花即可。

操作要领

萝卜丝在烹饪的过程中会出很多水，所以加的水不要太多。

营养贴士

此菜具有保护心血管、预防高血压及心肌梗死的功效。

干椒炒烫白菜

视觉享受：★★ 味觉享受：★★★★ 操作难度：★★

TIME 20分钟

菜品特点
香辣美味
增进食欲

- **主料**：白菜 500 克
- **配料**：植物油 50 克，精盐、鸡精、香油、红辣椒末各适量

🍴 操作步骤

①白菜处理干净后放到大盆中，放少许精盐，加沸水浸泡。

②浸泡 4 小时后捞出，沥干水分，切碎。

③净锅置旺火上，放植物油烧热后下入红辣椒末爆香，随后放入白菜，放精盐、鸡精拌炒入味后，淋香油，出锅装盘即可。

🥄 操作要领 ◀◀◀

白菜泡水后要注意把水分沥干。

👉 营养贴士

此菜具有降血脂、抗衰老、保护心脑血管的功效。

- **主料**：腊肉 250 克，芦笋 200 克
- **配料**：色拉油 20 克，红辣椒 2 个，精盐 5 克，味精 2 克，水淀粉适量，葱花、姜丝、蒜末各少许

🍴 操作步骤

①腊肉洗净切条；芦笋切条，焯水备用；红辣椒洗净切丝。

②锅中放色拉油烧热，放入葱花、姜丝、蒜末爆香，放入腊肉，加少量水焖 1 分钟，加入芦笋和红辣椒再焖 3 分钟，加入精盐、味精翻炒均匀，再用水淀粉勾芡即可。

🥄 操作要领 ◀◀◀

腊肉炒熟后再加入芦笋，减少芦笋翻炒的时间，保持脆感。

👉 营养贴士

此菜具有清热利水、润肤抗炎、保护血管的功效。

芦笋炒腊肉

视觉享受：★★★★ 味觉享受：★★★ 操作难度：★★★

TIME 15分钟

菜品特点
鲜肥爽口

铁锅黑笋小牛肉

TIME 40 分钟

菜品特点

香辣爽口

主料: 小牛肉 500 克,水发黑笋 50 克

配料: 大蒜 50 克,洋葱 50 克,辣椒酱 150 克,排骨酱 25 克,啤酒 500 克,川椒 50 克,白糖 3 克,味精、鸡精各 5 克,姜片 5 克,香叶、草果各 2 克,大料 5 克,油 100 克

视觉享受:★★★★

味蕾享受:★★★

操作难度:★★★

操作步骤

①将小牛肉洗净,切成块,然后放入沸水中,大火余 3 分钟后捞出备用;水发黑笋切成同小牛肉一样大小的块备用;洋葱切条;川椒切末;大蒜剥皮后横切一刀。

②锅中放油,烧至七成热时放入大蒜、姜片、香叶、草果、大料,小火炒 5 分钟后再下入排骨酱、川椒,小火煸炒 3 分钟,然后下入啤酒、辣椒酱、味精、白糖、鸡精,调好味,放入小牛肉、水发黑笋,翻炒 5 分钟后装入高压锅内,大火压

16 分钟出锅。

③铁锅上火加热,放入洋葱垫底,最后将压好的小牛肉、黑笋放在洋葱上趁热上桌即可。

操作要领

要用高压锅压牛肉,否则不易熟。

营养贴士

此菜具有益气血、消水肿的功效。

视觉享受：★★★★ 味觉享受：★★★ 操作难度：★★★

姜汁鸭掌

TIME 20分钟

菜品特点
清淡爽口

主料： 鸭掌 400 克

配料： 酱油 15 克，精盐 2 克，醋、味精、料酒各 5 克，姜末 20 克，姜片 5 片，香油 10 克，葱段 10 克，清汤适量

操作步骤

①选大小一致的鸭掌，用水浸泡洗净，放入锅内加清水煮，烧开后撇尽浮沫，煮至鸭掌能去骨时捞出。

②将煮过的鸭掌，放入温水中洗净，去尽骨筋和杂质，装碗，再加清汤，放姜片、葱段、料酒，上笼蒸至熟透取出，去掉姜、葱，将鸭掌晾凉装盘。

③碗内放精盐、酱油、味精、醋、姜末、香油，调成味汁，浇在鸭掌上即可。

操作要领

鸭掌要用碱搓匀洗净，并去掉掌垫。

营养贴士

此菜具有保护心脑血管的功效。

主料： 草鱼 1 条

配料： 油 800 克，香菜 10 克，葱、姜、蒜、湿淀粉各适量，胡椒粉、精盐、香油、鸡精各 3 克，白糖 5 克，生抽 10 克

操作步骤

①将草鱼去内脏清洗干净，在鱼的身上划几刀，涂上精盐稍腌渍一会儿；葱、姜、蒜、香菜洗净切成末。

②锅置旺火上，放油，油至六成热时，将整条鱼放入锅中炸至两面金黄色，捞出沥干油。

③锅内留余油，倒入葱末、姜末、蒜末翻炒，加精盐、鸡精、白糖、生抽、胡椒粉、香油和适量水，放入草鱼，稍焖一会儿，用湿淀粉勾薄芡出锅，撒上香菜末即可。

操作要领

操作时一定要先用精盐腌渍一下，否则不易入味。

营养贴士

此菜具有防癌、软化血管的功效。

视觉享受：★★★★ 味觉享受：★★★ 操作难度：★★★

红烧草鱼

TIME 35分钟

菜品特点
色鲜味浓

子姜剁椒嫩肉片

TIME 20分钟

菜品特点
肉质肪嫩
香辣爽口

视觉享受：★★★★
味觉享受：★★★
操作难度：★★★

> **主料：** 猪里脊肉200克，子姜100克，蒜苗25克
>
> **配料：** 植物油300克，精盐2克，味精、胡椒粉各1克，水淀粉、料酒各15克，嫩肉粉5克，剁椒、鲜汤各50克，香油10克

操作步骤

①将猪里脊肉剔去筋膜，切成薄片，用精盐、嫩肉粉、水淀粉上浆；子姜切小片；蒜苗切斜段；剁椒切末。

②用精盐、味精、料酒、胡椒粉、鲜汤、香油、水淀粉调成芡汁。

③锅置旺火上，放入植物油，烧到四成热时，下入浆好的肉片滑油，用筷子拨散断生，倒入漏勺沥油。

④锅内留底油，下子姜煸香，再放剁椒、肉片，倒入芡汁，放入蒜苗炒拌均匀，淋上香油，出锅装盘即可。

操作要领

用大火快速翻炒。

营养贴士

此菜具有降压、降低胆固醇的功效。

葱油鲢鱼花

视觉享受：★★★　味觉享受：★★★★　操作难度：★★★★

TIME 40分钟

菜品特点

鲜嫩清香

⊃ **主料：** 鲢鱼1条
⊃ **配料：** 青椒、红椒各少许，植物油50克，精盐、花椒各5克，料酒15克，酱油10克，鸡精3克，葱、姜各适量

操作步骤

①将鲢鱼去内脏洗净，去头尾，在鱼身上剞井字花刀；葱切丝；姜切末；青椒、红椒切丝。
②锅置旺火上，放入清水，开锅后加入精盐、酱油、鸡精、料酒、花椒、姜末、葱丝煮一会儿，放入鲢鱼，用小火煮10~15分钟，取出装入盘中撒入精盐、葱丝、青椒丝、红椒丝备用。
③锅置旺火上，倒入植物油，油温八成热时，放入葱丝、姜末炸出香味，拾出葱、姜，将油浇入鱼身上即可。

操作要领

煮鲢鱼时，要注意火候，火不宜太大。

营养贴士

此菜具有美容养颜、软化血管的功效。

⊃ **主料：** 草鱼600克
⊃ **配料：** 鸡油30克，姜末、蒜末、糖、醋、淀粉、大料、酱油、葱末、精盐、料酒、香菜、生抽各少许

操作步骤

①将草鱼去皮、洗净、切片，放入葱末、姜末、精盐、料酒腌渍；香菜切叶备用。
②将腌好的草鱼放入大碗中，上蒸锅蒸10分钟。
③锅内放鸡油，放入葱末、姜末、蒜末、大料、生抽一起煸炒，放酱油，加清水、醋、糖、精盐，用淀粉勾芡做成芡汁，将蒸好的草鱼取出，淋上芡汁，放入香菜作为点缀即可。

操作要领

蒸鱼时可添加适量的红椒末，起增色添香之用。

营养贴士

此菜具有健脾、补气、保护心血管的功效。

大碗蒸鱼

视觉享受：★★★★　味觉享受：★★★★　操作难度：★★★

TIME 25分钟

菜品特点

肉质鲜嫩

茼蒿炒笔管鱼

TIME 20分钟

菜品特点
鲜香适口

● **主料：** 笔管鱼 400 克，茼蒿 200 克

● **配料：** 油 20 克，红椒少许，精盐 3 克，酱油 5 克

视觉享受 ★★★
味觉享受 ★★★★
操作难度 ★★

操作步骤

①笔管鱼洗净，横切小窄段；茼蒿洗净，切段；红椒切丁。

②锅中放油，把笔管鱼倒入翻炒，变色后，添一点水煮。

③笔管鱼煮熟后倒入切好的茼蒿、红椒丁，加精盐、酱油调味，即可出锅。

操作要领

用大火快速翻炒。

 营养贴士

此菜具有降压、降低胆固醇的功效。

视觉享受：★★★ 味觉享受：★★★★ 操作难度：★★

芹菜炒牛肉

TIME 15分钟

菜品特点
香味浓郁

主料： 牛肉300克，芹菜200克

配料： 植物油20克，姜汁20克，红椒半个，酱油、料酒各15克，糖5克，醋10克，精盐、花椒粉、鸡精各3克

操作步骤

①将牛肉切丝；芹菜洗净切成细条；红椒切丝。

②锅置旺火上，倒入植物油，油热后放入牛肉丝，反复煸炒，待牛肉丝成褐红色时，加入酱油转至小火继续煸炒，炒至肉丝上色时，倒入姜汁、料酒煸炒片刻，再放入芹菜丝、红椒丝，加入糖、精盐、鸡精、醋、花椒粉，将其翻炒均匀即可出锅。

操作要领

须用旺火快速翻炒，注意掌握火候。

营养贴士

此菜具有降压、降低胆固醇的功效。

主料： 里脊肉300克，板栗100克，鲜笋200克

配料： 植物油300克，料酒30克，精盐3克，蛋清、生粉、花椒各适量，酱油10克，姜片5片，糖5克，高汤适量

操作步骤

①里脊肉洗净，切片，用精盐、料酒、蛋清和生粉腌渍；板栗剥去外壳，备用；鲜笋切片，焯水。

②锅内植物油五成热时，倒入腌渍好的肉片，爆至变色捞起。

③将炒锅置火上，倒植物油时，放入鲜笋，炒几下，倒入肉块，加入酱油，料酒，花椒，姜片，烧至肉块上色。

④加入高汤淹过肉面，待沸，再改用小火烧至肉皮微酥。

⑤倒入板栗拌和，继而再用小火烧煮至肉块、板栗熟酥，加入精盐和糖，用旺火收汁后出锅即可。

操作要领

板栗不要煮得太烂，以免破碎。

营养贴士

此菜具有保护心脑血管的功效。

视觉享受：★★★ 味觉享受：★★★★ 操作难度：★★★

板栗鲜笋肉

TIME 20分钟

菜品特点
香浓可口

干烧排骨

视觉享受：★★★★
味觉享受：★★★★
操作难度：★★★★

TIME 30 分钟

菜品特点
香味浓郁

主料： 猪排 500 克

配料： 洋葱半个，花椒 10 粒，生抽 20 克，老抽、红糖各 15 克，白酒 30 克，精盐 5 克，葱 6 段，姜 5 片，大料 1 个，香叶 3 片，小红辣椒、小青辣椒各 1 个，油 15 克

操作步骤

①猪排洗净后切块，加入白酒腌渍半小时，然后沥去汁水备用；洋葱洗净切丝，铺在盘子底部备用；小红辣椒和小青辣椒切小窄段。

②炒锅放少许油烧到三成热，转成中小火后，放入猪排慢慢翻炒，煸炒到水分完全收干。

③排骨变色后放入葱、姜，继续翻炒至肉质微微焦黄，放入大料、香叶炒匀，然后放入花椒、生抽、老抽、红糖，炒至排骨颜色棕红，加入没过排骨表面的量的开水，加盖，用大火烧开，然后转成中火慢慢炖。

④最后汤汁快干时，加入小红辣椒、小青辣椒和精盐，转成大火迅速翻炒，直到汤汁完全收干，拣去葱、姜、大料、香叶，出锅即可。

操作要领

汤汁快干的时候排骨应该正好八九分熟，这时转成大火将汤汁完全烧干，但是要注意不停地翻炒，以免煳锅。

营养贴士

此菜具有润肺、防癌、保护心脑血管的功效。

视觉享受：★★★★ 味觉享受：★★★ 操作难度：★★

功夫白菜

TIME 15分钟

菜品特点

酸辣爽口

主料： 白菜 500 克

配料： 油 20 克，精盐 5 克，干辣椒 2 个，米醋 15 克，生抽 10 克，花椒适量，鸡精 3 克，姜 1 块，葱花 5 克

操作步骤

①白菜洗净，用斜刀将白菜片成片；干辣椒、姜切末。

②锅中倒入油，烧热，下入花椒爆香，放入干辣椒末和姜末炒香。倒入白菜片，翻炒 2 分钟，加入精盐、米醋和生抽，搅拌均匀后加入鸡精调味，去花椒，撒上葱花即可。

操作要领 ◀◀◀

这个菜要持续保持大火快炒，随着温度的增高，白菜会渗出一些汤，因此不要在炒制过程中加水。

营养贴士

此菜具有降血脂、抗衰老、保护心脑血管的功效。

主料： 带鱼、香芹各 200 克

配料： 植物油 500 克，五花肉 50 克，葱花、姜末各 15 克，料酒 15 克，花椒、干淀粉各适量，鸡蛋 1 个，干辣椒 10 个，酱油 10 克，糖、精盐各 5 克，胡椒粉 3 克，芝麻 3 克

操作步骤

①将带鱼洗净，切窄段后，加入葱花、姜末、料酒、精盐、花椒拌匀，腌渍 20 分钟；鸡蛋打成蛋液备用；香芹切段；五花肉切末。

②用干淀粉将鱼裹上，再裹一层蛋液。

③植物油锅烧热，将浆好的带鱼放入，炸至金黄色即可。

④锅内留底油，将切好的五花肉末放入锅中煸炒，放花椒、干辣椒，变色后放入姜末、葱花，放入带鱼、香芹，加料酒、酱油，翻炒几下，放少许糖、胡椒粉，继续翻炒几下后，撒芝麻，便可出锅。

操作要领 ◀◀◀

油炸过程中要多准备油。

营养贴士

此菜具有抗癌、提高人体免疫力的功效。

视觉享受：★★★★ 味觉享受：★★★ 操作难度：★★★

干煸带鱼

TIME 30分钟

菜品特点

香醋可口

芦笋炒南瓜

TIME 15分钟

菜品特点
清淡可口

➡ **主料：** 芦笋、南瓜各200克
➡ **配料：** 精盐3克，油20克，蒜汁15克

视觉享受：★★★★
味觉享受：★★★
操作难度：★★

🔄 操作步骤

①芦笋、南瓜洗净后，分别切成细长段。

②锅热倒油，下南瓜段翻炒，倒入蒜汁，加少许水焖3分钟。

③倒入芦笋段，炒匀再焖2分钟，调入精盐炒匀，即可出锅。

🍴 操作要领

焖南瓜的时间，可长可短，如果喜欢南瓜较柔软的口感，就多焖一会。

👉 营养贴士

此菜具有预防高血压、白血病、血癌的功效。

视觉享受：★★★★　味觉享受：★★★　操作难度：★★★

口蘑*炒面筋*

TIME 20 分钟

菜品特点

口味咸鲜

主料： 口蘑、面筋各 100 克

配料： 植物油 20 克，精盐、白糖各 5 克，酱油 5 克，水淀粉、料酒、十三香、葱花各适量

操作步骤

①口蘑洗净，切成片；面筋切厚片。

②锅内放植物油烧热，将口蘑放入翻炒，调入酱油、白糖、十三香、料酒，加适量水，炒至出香味时，放入面筋，煮至收汁，加水淀粉勾芡，加精盐调味后，盛入盘中，撒些葱花即可。

操作要领

翻炒时间不要太久。

营养贴士

此菜具有降脂、降胆固醇的功效。

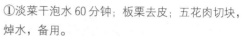

主料： 淡菜干、板栗各 10 只，五花肉 100 克

配料： 黄酒 20 克，精盐 5 克，葱段、姜末各适量

操作步骤

①淡菜干泡水 60 分钟；板栗去皮；五花肉切块，焯水，备用。

②将淡菜干、五花肉、板栗放入砂锅内，加入适量的黄酒、水及姜末，开中火焖煮。

③水开后转入小火炖约 90 分钟。

④等到食材熟后加入适量的精盐及葱段即可。

操作要领

这个菜需要小火慢炖。

营养贴士

此菜具有开胃、降低胆固醇的功效。

视觉享受：★★★　味觉享受：★★★★　操作难度：★★★

板栗炖淡菜干

TIME 180 分钟

菜品特点

口味咸鲜

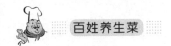

花菇竹笋排骨汤

TIME 45分钟

菜品特点
口味咸鲜

➡ **主料：** 排骨 500 克，竹笋 300 克，花菇 10 朵
👉 **配料：** 葱花少许，精盐 3 克

视觉享受：★★★★
味觉享受：★★★★
操作难度：★★★

🌀 操作步骤

①排骨洗净沥干分后，放入滚沸水中氽烫约 3 分钟再捞起，冲洗干净备用；竹笋洗净，剥去外壳，再削除纤维较粗的部分，切块；花菇洗净，泡入冷水中 3 小时后，再捞起切十字花刀备用。

②汤锅中倒入水，放入排骨、竹笋块和花菇，以大火煮至滚沸后，盖上锅盖并改转小火焖煮约 40 分钟。

③快出锅时放入葱花、精盐，拌匀调味即可。

🌀 操作要领

排骨要先用沸水烫一下，可以有效清除其血污。

👉 营养贴士

此菜具有调节人体新陈代谢、减少胆固醇、保护心血管的功效。

视觉享受：★★★ 味觉享受：★★★ 操作难度：★★

花生仁拌芹菜

TIME 30分钟

菜品特点

清香酥脆
爽鲜爽口

主料： 芹菜 300 克，花生米 200 克

配料： 植物油 250 克，花椒油、酱油各 15 克，精盐 6 克，味精 2 克

操作步骤

①锅内放入植物油，烧热放入花生米，炸酥时捞出，去掉膜皮。

②将芹菜择去根、叶，洗净，切成小段，放入开水中，烫一下，捞出，用凉水过凉，控净水分。

③将炸好的花生米和芹菜段放入碗中，将酱油、精盐、味精、花椒油放在小碗内调好，浇在芹菜上，吃时调拌均匀即可。

操作要领

炸花生米时要控制好时间，不要炸焦了。

营养贴士

此菜具有保护血管壁、降低胆固醇的功效。

主料： 大头菜 400 克

配料： 植物油、红椒、姜、味噌、蘑菇精各适量

操作步骤

①大头菜洗净切段，焯水，沥干；红椒洗净，切圈；姜切末。

②锅中放入植物油，将红椒、姜末煸香，然后放入味噌、大头菜煸炒透，再加蘑菇精炒匀即可。

操作要领

喜欢吃嫩的，就选择大头菜上面的叶子；喜欢吃脆的，就选择根部。

营养贴士

此菜具有保护心脑血管的功效。

视觉享受：★★★ 味觉享受：★★★★ 操作难度：★★★

味噌大头菜

TIME 10分钟

菜品特点

一菜两吃
脆嫩适中

香辣猪皮

视觉享受：★★★★
味觉享受：★★★
操作难度：★★★

TIME 30分钟

菜品特点
香辣爽口

> **主料：** 猪皮 200 克，尖椒 100 克
> **配料：** 干辣椒 3 个，姜末 10 克，油 20 克，料酒 15 克，醋 10 克，胡椒粉 5 克，花椒粉、精盐各 3 克，鸡精 2 克，蒜末 5 克

操作步骤

①猪皮刮去里面的油脂以及表面的毛和泥污，洗净后放沸水锅中，加入少许胡椒粉和姜末，大火煮开，直至煮出白沫，肉皮微微打卷，捞出放入凉水中，过凉后，继续刮油，切丝备用。

②尖椒切斜段；干辣椒切段。

③锅中加入适量的油，油热后下入切好的姜末、蒜末和干辣椒段爆锅，待炒出香味后，下入切好的肉皮翻炒片刻，下入料酒，继续大火翻炒。

④加入切好的尖椒继续翻炒，可加适量水，炒到尖椒断生后，加入精盐和胡椒粉、花椒粉、鸡精调味，出锅前滴入少许醋，翻炒均匀即可。

操作要领

猪皮放在火上灼烧，可褪干净毛。

营养贴士

此菜具有美容养颜、软化血管的功效。

益气补血

 黄金山药条

TIME 15分钟

菜品特点
香酥适口

主料: 山药 500 克

配料: 咸鸭蛋 300 克, 花生油 400 克, 白糖 20 克, 味精 3 克, 葱花 10 克

操作步骤

①山药去皮切条; 咸鸭蛋取蛋黄用刀压碎, 加入白糖、味精调匀。

②锅内加花生油, 烧至五成热时, 放入山药条, 炸至金黄色捞出。

③锅中留少许油, 加咸鸭蛋黄炒匀, 加入山药条翻炒均匀, 最后撒葱花即可。

视觉享受: ★★★★
味觉享受: ★★★
操作难度: ★★

操作要领

炒鸭蛋黄要用中火, 翻炒要均匀。

营养贴士

此菜具有益气养血的功效。

视觉享受：★★★ 味觉享受：★★★★ 操作难度：★★

菠菜拌四宝

TIME 10分钟

菜品特点
清爽可口

主料： 菠菜 100 克，粉丝、花生仁各 50 克，杏仁、玉米粒各 30 克

配料： 植物油 15 克，辣椒油 10 克，蒜末 5 克，精盐、味精各 3 克，生抽、醋各 5 克

操作步骤

①粉丝泡软洗净；菠菜洗净切段。

②粉丝、菠菜放沸水锅中焯一下，放盘中备用；杏仁、花生仁、玉米粒都在水中煮一下，放在盛菠菜的盘中。

③锅内放植物油烧热，放入辣椒油、精盐、味精、蒜末、生抽、醋，炒香后，倒入菠菜盘中，拌匀即可。

操作要领

菠菜不要焯烫得太烂。

营养贴士

此菜具有益气补血的功效。

主料： 里脊肉 200 克

配料： 鸡蛋 1 个，植物油 500 克，精盐 5 克，酱油、料酒各 10 克，味精 3 克，淀粉 75 克，芝麻 50 克

操作步骤

①将里脊肉切成条状，放入碗中，加入精盐、味精、料酒、酱油腌渍入味。

②另取一个碗打入鸡蛋，放入淀粉，搅拌均匀备用。

③将肉条逐个裹上蛋糊，裹满一层芝麻。

④锅置火上，倒植物油加热，将肉条炸一下捞出，待油升至九成热时，将肉条再次投入锅内，捞出控净油装盘即可。

操作要领

因有油炸过程，所以应多准备油。

营养贴士

此菜具有养肝明目、补血美容的功效。

视觉享受：★★★★ 味觉享受：★★★ 操作难度：★★

芝麻里脊

TIME 20分钟

菜品特点
香酥可口

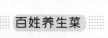

酸姜爆鸭丝

TIME 20分钟

菜品特点
酸辣爽口

视觉享受：★★★★
味觉享受：★★★
操作难度：★★★

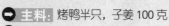

● **主料：** 烤鸭半只，子姜 100 克

● **配料：** 油 20 克，红辣椒、香芹各 50 克，蒜末 10 克，米醋 50 克，精盐 5 克，白糖 15 克，水淀粉适量

操作步骤

①子姜洗净去皮，切成丝后用精盐腌渍，再倒去汁，用米醋加白糖腌上 2 个小时；红辣椒切丝备用；香芹洗净切条备用；将烤鸭切成条块。

②油锅烧热，加蒜末，放入子姜后，加红辣椒丝、芹菜条、烤鸭块一同炒，用水淀粉勾芡，淋在锅里即可。

操作要领

烤鸭本就有咸味，炒的时候可以不放盐。若感觉味道淡，可加少许盐。

营养贴士

此菜具有补血益气的功效。

视觉享受：★★★★ 味觉享受：★★★ 操作难度：★★

红白豆腐

TIME 10分钟

菜品特点
咸鲜适口

> **主料：** 豆腐、鸭血各 200 克
>
> **配料：** 火锅底料 30 克，味精 3 克，精盐 5 克，黄酒、酱油各 5 克，明油 10 克，色拉油 20 克，香菜少许

操作步骤

①豆腐、鸭血均切扁块，分别入水锅（放少许精盐）焯水；香菜切末。

②炒锅上火，倒入少许色拉油加热，放入火锅底料煸香，倒入鸭血和豆腐，加入黄酒、酱油、精盐、豆腐、鸭血烧至入味，放入味精，淋上明油，撒上香菜末即可。

操作要领

火候须掌握好。

营养贴士

此菜具有益气、开胃、补血、清热解毒的功效。

> **主料：** 羊里脊 300 克，尖椒 50 克，土豆 100 克
>
> **配料：** 花生油 400 克，酱油、香油各 15 克，味精 2 克，葱 10 克，姜、蒜各 5 克，料酒 10 克，辣酱 20 克，鸡蛋清 30 克，淀粉 40 克，白糖 5 克，花生仁 10 克

操作步骤

①将羊里脊去外筋洗净，切成小块，加入鸡蛋清、淀粉、辣酱、味精拌匀浆好；土豆切小块；尖椒切丁；葱、姜、蒜切末。

②炒锅上火，倒入花生油烧热，将里脊下入，滑散至半熟。

③锅内留底油，调入料酒、酱油、白糖、葱末、姜末、蒜末、辣酱翻炒，投入羊里脊、土豆、尖椒、花生仁，加入少许水，水淀粉挂芡，淋入香油，翻炒均匀，出锅装盘即可。

操作要领

用旺火快速翻炒。

营养贴士

此菜具有补血益气的功效。

视觉享受：★★★★ 味觉享受：★★★ 操作难度：★★★

辣子羊里脊

TIME 20分钟

菜品特点
香辣适口

炖羊蹄

视觉享受：★★★★
味觉享受：★★★
操作难度：★★★

TIME 30分钟

菜品特点
鲜鲜适口

➡ **主料**：羊蹄 10 只

➡ **配料**：葱段、姜片克 10 克，葱花 5 克，料酒、酱油各 20 克，大料 3 克，香油 25 克，味精 2 克，淀粉 20 克，高汤、植物油各适量

操作步骤

①洗净羊蹄，用水煮熟，再用开水加料酒、葱段、姜片煮一下，捞出。

②锅内放植物油，将大料炸成枣红色，放入葱段、姜片炝锅，加酱油、料酒、味精、高汤，放入羊蹄煮 10 分钟，用淀粉勾芡，拣出姜片，淋香油，出锅撒葱花即可。

操作要领

注意掌握火候。

营养贴士

此菜具有养血、强身健体的功效。

视觉享受：★★★★ 味觉享受：★★★ 操作难度：★★★

炸牛蹄筋

TIME 20分钟

菜品特点

酥脆可口

主料： 牛蹄筋 250 克

配料： 嫩蒿子秆 100 克，面粉、鸡蛋黄各 50 克，酵母、味精各 1 克，精盐、黄酒、碱各 2 克，花生油 100 克，红辣椒 1 个

操作步骤

①将牛蹄筋挤去水，放入碗内，加精盐、味精、黄酒腌渍，拌上花生油；嫩蒿子秆、红辣椒洗净，铺在盘底。

②另取一碗，将酵母放入，用少许清水调匀，加碱、鸡蛋黄、面粉调成糊，将牛蹄筋放入，抓匀。

③炒锅内加入花生油，置中火烧至六成热，下入蹄筋，炸硬捞出，待油至九成热时，再下入蹄筋，炸至酥脆并呈金黄色时取出，装入摆放了蒿子秆的盘子即可。

操作要领

牛蹄筋要下油锅炸两次。

营养贴士

此菜具有补肝强筋、补血益气的功效。

主料： 黄花鱼 500 克

配料： 油 50 克，绍酒 10 克，精盐 5 克，味精 2 克，胡椒粉 3 克，鸡蛋液、淀粉各适量

操作步骤

①黄花鱼刮鳞、去鳃、除内脏，洗涤整理干净，从侧身剖成两半，用精盐、味精、胡椒粉、绍酒腌渍入味。

②锅内放入油烧热，将腌好的黄花鱼蘸匀鸡蛋液再蘸淀粉放入锅内，用中火两面煎成金黄色，取出装盘即可。

操作要领

煎黄花鱼时要中、小火交叉运用，煎至熟透，这样可以保持原料中的水分。

营养贴士

此菜具有健脑、益气的功效。

视觉享受：★★★ 味觉享受：★★★★ 操作难度：★★★

干煎黄花鱼

TIME 15分钟

菜品特点

香酥适口

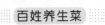

炒鲜鱿鱼

TIME 30分钟

菜品特点

酒味浓郁

🔴 **主料:** 新鲜鱿鱼400克，洋葱、木耳各100克
🔴 **配料:** 植物油、番茄酱、精盐、味精、料酒各适量

视觉享受：★★★
味觉享受：★★★★
操作难度：★★

🐟 操作步骤

①把新鲜鱿鱼处理干净，切条备用；洋葱洗净剥皮，切成条状备用；木耳提前泡发，切碎备用。
②在锅内加植物油，烧热后放入鱿鱼，倒入料酒去腥。
③倒入番茄酱、洋葱和木耳翻炒，加入精盐、味精调味炒熟即可。

🖐 操作要领

处理新鲜鱿鱼的时候要注意把表面的膜剥掉。

📋 营养贴士

此菜具有保肝利胆、益气补血、提高免疫力的功效。

视觉享受：★★★ 味觉享受：★★★★ 操作难度：★★★

卤猪肝

TIME 80分钟

菜品特点
清香可口

⇨ **主料**：猪肝 1500 克

⇨ **配料**：料酒 20 克，味精 5 克，葱段 20 克，姜片 10 片，酱油 50 克，花椒、大料、丁香、小茴香、桂皮、陈皮、草果、精盐各适量

操作步骤

①猪肝洗净下锅，加水、葱段、姜片煮开，倒掉锅内的水，用凉水洗净猪肝。

②锅内放入清水，加入精盐、味精、料酒、酱油，再放入一个装有花椒、大料、丁香、小茴香、桂皮、陈皮、草果的香料包，旺火烧沸煮 5 分钟，放入猪肝，炖 40 分钟之后关火。

③让猪肝继续泡在汤中，泡时间久一点，切片装盘即可。

操作要领

泡的时间越久，猪肝越入味，最好泡一整夜。

营养贴士

此菜具有补脾胃、益气血的功效。

⇨ **主料**：梅菜 50 克，五花肉 500 克

⇨ **配料**：精盐、味精、鸡精各 4 克，酱油 50 克，蚝油 15 克，白糖 10 克，植物油适量

操作步骤

①梅菜泡发洗净剁碎后，放入油锅中，调入精盐、味精炒香备用；五花肉放入锅中煮熟，拌入酱油，放入油锅中炸成虎皮状，取出，切片。

②将切成片的五花肉皮朝里，肉朝上，整齐码入大碗中，调入精盐、味精、鸡精、酱油、蚝油、白糖，放上梅菜，入蒸锅蒸熟后取出，扣入盘中即可。

操作要领

梅菜中有细沙，要放在清水中浸泡一会儿，多洗几遍。

营养贴士

此菜具有益血生津、补中益气的功效。

视觉享受：★★★ 味觉享受：★★★ 操作难度：★★★

梅菜扣肉

TIME 30分钟

菜品特点
味浓香浓

干锅辣子鸡

TIME 50分钟

菜品特点
香脆美口

视觉享受：★★★
味觉享受：★★★★
操作难度：★★

主料： 鸡1只

配料： 青辣椒、红辣椒若干，姜、蒜、植物油、精盐、辣椒酱、酱油、生抽、香油、花生米各适量

操作步骤

①处理干净的鸡剁成大小合适的块，入沸水锅，焯去血水，捞出来用流水冲干净浮沫，上锅大火蒸15分钟；青辣椒、红辣椒切段；姜切末；蒜剥皮后洗净切末。

②锅热植物油，烧至六成热，放入蒸好的鸡块，翻炒两三分钟，放入青辣椒、红辣椒、姜和蒜一同翻炒。

③放精盐、辣椒酱、酱油和少许生抽调味，翻炒均匀后，倒入之前蒸鸡时留下来的汤水焖1分钟。

④移至干锅，撒上花生米，淋上香油即可。

操作要领

鸡蒸过后，锅里会有些汤水，别倒进炒锅内，留着备用。

营养贴士

此菜具有温中益气、健脾胃、活血脉、强筋骨的功效。

视觉享受：★★★ 味觉享受：★★★★ 操作进度：★★★

开胃椒蒸猪脚皮

TIME 20分钟

菜品特点

香辣爽口

主料： 猪脚皮 500 克

配料： 植物油 20 克，鲜红尖椒 1 个，酱椒、小米椒、豆豉各适量，精盐 3 克，鸡粉、蚝油各 5 克，葱花 5 克

操作步骤

①把猪脚皮切大块，放入大碗中；将酱椒、小米椒剁碎，加入精盐、豆豉，用热植物油烧制成酱椒汁，然后放入鸡粉、蚝油冷却；鲜红尖椒切粒。

②把冷却的酱椒汁浇在猪脚皮上，撒上之前切好的鲜红尖椒，入笼蒸，蒸至猪脚皮酥烂，撒上葱花即可。

操作要领

要用热油烧制的酱椒汁浸泡猪脚皮。

营养贴士

本菜有养颜美容、补中益气的功效。

主料： 鲜海螺肉 500 克，五花肉 100 克

配料： 葱、姜各 8 克，蒜 2 克，绍酒 16 克，酱油 8 克，白糖 25 克，精盐 3 克，生油 80 克，芝麻油 20 克，清汤、湿淀粉、醋各适量

操作步骤

①海螺肉清洗干净，剞出十字花刀，用精盐、醋搓净黏液，清水漂洗后，切成 2 厘米见方的块，放入开水锅中氽一下，捞出沥净水分；五花肉切长条块，放沸水锅中煮熟；葱、姜、蒜切末。

②炒锅内放入生油，旺火烧至八成热时，将海螺肉下油一触，迅速捞出沥干油。

③锅内留余油，中火烧至四成热，用葱末、姜末、蒜末爆香，加入绍酒、清汤、酱油、白糖、精盐、海螺、五花肉，移至微火上烧 2 分钟，用湿淀粉勾芡，淋上芝麻油，盛入盘内即可。

操作要领

海螺要仔细清洗。

营养贴士

此菜具有益气、强身健体的功效。

视觉享受：★★★★ 味觉享受：★★★★ 操作进度：★★★

红烧大海螺

TIME 20分钟

菜品特点

鲜香味美

蚝油牛肉

菜品特点
香味浓郁
口感爽嫩

视觉享受：★★★★
味觉享受：★★★★
操作难度：★★★

◯ **主料：** 牛里脊300克
◯ **配料：** 青椒、红椒各50克，色拉油30克，姜丝3克，精盐3克，味精2克，酱油、蚝油、黄酒、水淀粉、嫩肉粉各适量

 操作步骤

①牛里脊切片放入嫩肉粉中，加精盐、水淀粉上浆；青椒、红椒切菱形块。

②锅置火上，放入色拉油烧至四成热，下牛肉片滑油，盛出。

③锅内留底油，下蚝油调匀，加黄酒、精盐、味精、酱油调味，用水淀粉勾芡，下牛肉、青椒、

红椒、姜丝翻炒熟后即可装盘。

◖ **操作要领**

要用大火快炒。

☛ **营养贴士**

此菜具有补益气血、强筋壮骨的功效。

156

视觉享受：★★★ 味觉享受：★★★★ 操作难度：★★★★

咖喱牛腩

TIME 20分钟

菜品特点

香味浓郁

● **主料：** 牛腩 500 克，土豆 100 克

● **配料：** 胡椒粉、精盐、糖各 5 克，料酒 10 克，咖喱酱适量，油 30 克，青椒、红椒、洋葱各 1 个

操作步骤

①牛腩切块洗净，汆烫，过冷水沥干；青椒、红椒、洋葱切片。

②土豆去皮切角块，用油炸至色泽金黄时盛起。

③烧热油，下咖喱酱、糖炒香，倒入牛腩、青椒、红椒、洋葱，爆香后加水盖过牛肉，煮开后转慢火，炖至筷子可以插入牛肉时即可放入料酒、胡椒粉、精盐，继续炖至牛腩够烂时，加入土豆再炖片刻即可。

操作要领

注意掌握火候。

营养贴士

此菜具有补血益气的功效。

● **主料：** 臭豆腐 300 克，猪肉馅 10 克

● **配料：** 肉酱 50 克，大蒜 6 瓣，干辣椒 2 个，辣椒油、植物油、料酒各 30 克，蚝油 15 克，精盐、味精各 3 克，葱花 5 克

操作步骤

①将臭豆腐切成小块备用；大蒜切末；干辣椒切末。

②锅内放植物油烧热，将猪肉馅、肉酱以大火快速拌炒约 1 分钟后起锅备用。

③锅内放植物油烧热，先爆香大蒜末、干辣椒，再加入料酒、蚝油、辣椒油、精盐、味精、臭豆腐以及炒好的肉酱、猪肉馅，最后加入水，以小火煮约 5~8 分钟，出锅撒上葱花即可。

操作要领

也可以先把臭豆腐放入油锅中炸一下，煨烧时就更容易入味了。

营养贴士

此菜具有益气开胃、瘦身美容的功效。

视觉享受：★★★ 味觉享受：★★★★ 操作难度：★★★

麻辣臭豆腐

TIME 10分钟

菜品特点

香味浓郁

TIME 30分钟

菜品特点
肉质鲜嫩
营养丰富

家常烧鲤鱼

➡ **主料:** 鲤鱼 400 克

➡ **配料:** 葱花、姜末、蒜末各 10 克，花椒 3 克，酱油、料酒、香油各 10 克，醋、白糖各 5 克，精盐 4 克，花生油、高汤各 20 克

操作步骤

①鲤鱼去鳞，去内脏，洗净，两面划上几刀。
②热锅放花生油，入葱花、姜末、蒜末、花椒炝锅，然后放入鲤鱼两面煎一下，加高汤、酱油、料酒、醋、白糖、精盐调味，大火烧开，小火煨透。
③汤汁变浓时，将鱼翻身，大火烧至汤汁将干，加剩余葱花、淋香油出锅即可。

视觉享受: ★★★★
味觉享受: ★★★★
操作难度: ★★★

操作要领

用火应先大后小再大，宜长时间煨透。

营养贴士

此菜具有益气补血、开胃健脑的功效。

视觉享受：★★★　味觉享受：★★★★　操作难度：★★★

大蒜烧牛腩

TIME 20分钟

菜品特点

蒜香浓郁

主料： 牛腩300克

配料： 油30克，精盐、生粉各5克，料酒6克，胡椒粉3克，蒜瓣50克，干红辣椒3个，枸杞10克

操作步骤

①将牛腩洗净后切成块，将牛腩用精盐、料酒、胡椒粉、生粉腌渍；干红辣椒切段。

②锅中油烧至五成热，将腌渍好的牛腩入油锅中翻炒，炒熟后捞起。

③锅中留少许底油，放入蒜瓣、干红辣椒爆香，下入牛腩，炒熟后调入精盐、料酒、胡椒粉，撒上枸杞，炒入味即可。

操作要领

由于牛腩加了生粉，容易干锅，所以要准备适量水随时添加。

营养贴士

此菜具有益气补血的功效。

主料： 鳜鱼1000克，熟米粉100克

配料： 酱油、甜面酱各50克，豆瓣酱、料酒、白醋、辣椒油各10克，姜茸、花椒粉、白糖、葱末、胡椒粉各少许，五香桂皮、香油、味精各适量

操作步骤

①取青皮竹筒一个，离竹筒一端约4厘米长处横锯开约10厘米长的口作为竹筒盖，洗净备用。

②将鳜鱼剖好，洗净，滤干水，切块，再入清水洗一次滤干水放入碗内。

③加入五香桂皮、熟米粉，下酱油、豆瓣酱、甜面酱、胡椒粉、花椒粉、白糖、白醋、料酒、味精、香油、辣椒油、葱末、姜茸与鳜鱼拌匀，腌5分钟。

④将拌好的鳜鱼放入竹筒，盖上盖，用大火蒸30分钟，从蒸笼内将竹筒里的鱼取出，放入碟内即可。

操作要领

竹筒可用带盖的蒸碗代替。

营养贴士

此菜具有养血安神的功效。

视觉享受：★★★★　味觉享受：★★★★　操作难度：★★★

粉蒸鳜鱼

TIME 35分钟

菜品特点

肉质鲜嫩

营养丰富

糖醋苦瓜

清香爽甜

📎 **主料:** 苦瓜 200 克

👉 **配料:** 精盐、红辣椒、白糖、白醋、香油各适量

视觉享受: ★★★★
味觉享受: ★★★
操作难度: ★★

🥄 操作步骤

①苦瓜洗净，去掉瓢，切成薄片；红辣椒切片。

②锅中加水烧开，加入少许精盐和几滴香油，把苦瓜焯水，捞入凉水中。

③冲凉后沥干水分，加入红辣椒、白糖、白醋和少许精盐，搅拌均匀即可。

🖊 操作要领

红辣椒应选用辣性较弱的那种。

📋 营养贴士

此菜具有补血、抗衰、益气的功效。

160

视觉享受：★★★ 味觉享受：★★★★ 操作难度：★★

清炒菠菜

TIME 10分钟

菜品特点

清淡可口

主料： 菠菜 300克

配料： 葱末、姜末各 5克，植物油 20克，酱油 10克，精盐 3克，料酒 15克，味精 2克，干辣椒 2个

操作步骤

①将菠菜洗净，根部用刀劈开，然后切成长段，用沸水稍烫一下，捞出，沥开水分；干辣椒切段。

②炒锅上火，注入植物油烧至七成热时，用葱末、姜末和干辣椒炝锅，然后倒入菠菜，加入酱油、精盐、料酒、味精，翻炒均匀出锅即可。

操作要领

菠菜要选嫩的；稍微焯一下，就马上盛出。

营养贴士

此菜具有益气补血的功效。

主料： 豆泡 180克，酸菜 150克

配料： 泡椒 2个，红椒 1个，精盐、味精、姜末、蚝油、植物油、清汤各适量

操作步骤

①豆泡用温水泡涨；酸菜切小段；红椒切块。

②锅中放植物油烧热，下姜末、红椒炒香，然后加清汤，用精盐、味精、蚝油调味，再下酸菜、泡椒、豆泡煮约 5分钟即可。

操作要领

豆泡提前用温水泡涨，可以减少做菜时间。

营养贴士

此菜具有增进食欲、补中益气的功效。

视觉享受：★★★ 味觉享受：★★★★ 操作难度：★★

酸菜煮豆泡

TIME 20分钟

菜品特点

汤清香浓
香辣可口

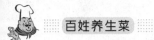

粉蒸芋头

视觉享受：★★★★
味觉享受：★★★
操作难度：★★

菜品特点
苔糯可口

➡ **主料：** 芋头 500 克，米粉 100 克
➡ **配料：** 味精 2 克，胡椒粉、精盐各 3 克，猪油 10 克

🍲 操作步骤

①芋头去皮，洗净，切块，加米粉及精盐、味精、胡椒粉、猪油调匀。
②上笼蒸 15 分钟即可。

🥄 操作要领

芋头先用油、精盐腌渍一下再蒸才能入味。

☞ 营养贴士

此菜具有健脾养胃、补中益气的功效。

视觉享受：★★★★★ 味觉享受：★★★★ 操作难度：★★

爆炒猪肝

TIME 18分钟

菜品特点
色泽红艳
营养丰富

⊃主料： 猪肝 800 克，洋葱 200 克

⊂配料： 植物油 80 克，精盐、鸡精、干红椒、料酒、酱油、葱、大蒜各适量

🍳 操作步骤

①清洗猪肝，切片，用料酒、酱油腌 15 分钟；洋葱洗净切片；葱斜切丝；大蒜切末；干红椒切碎。
②待锅中植物油热后，先后加入葱丝、干红椒、蒜末，爆香后放入洋葱，洋葱变软时加入猪肝，大火不停地翻炒 3 分钟，加入精盐、料酒、酱油。
③出锅前加入鸡精即可。

🔥 操作要领

猪肝下锅后要迅速翻炒，以免猪肝粘结成块。

👉 营养贴士

此菜具有补血益气、开胃消食的功效。

⊃主料： 猪肘 1500 克
⊂配料： 葱花 10 克，蜂蜜 10 克，葱段、姜块各 15 克，大料、花椒各 4 克，湿淀粉 15 克，酱油 20 克，味精 2 克，植物油 100 克，鲜汤 300 克，香油少量

🍳 操作步骤

①将肘子皮上的残毛刮净，洗好，放入沸水锅中煮至八成熟捞出，剔去骨。
②将皮面抹上蜂蜜，皮面朝下放入八成热的植物油中炸至呈火红色捞出。
③将肘子皮面朝下摆在碗内，放上葱段、姜块、花椒、大料、酱油、鲜汤上屉蒸烂。
④取出肘子，拣去葱、姜、花椒、大料，将汤滗入炒锅内，肘子扣在盘中间。
⑤炒锅上火，将汤汁烧开，加味精，用湿淀粉勾芡，淋入香油，浇在肘子上，撒上葱花即可。

🔥 操作要领

由于有油炸的过程，所以需要多准备油。

👉 营养贴士

此菜有促进皮肤丰满、润泽，补中益气的功效。

视觉享受：★★★ 味觉享受：★★★★ 操作难度：★★★★

红焖肘子

TIME 60分钟

菜品特点
色泽红亮
软巴醇香

红烧魔芋豆腐

TIME 15分钟

菜品特点
香辣爽口

> **主料**：魔芋豆腐 500 克
>
> **配料**：精盐 5 克，鸡精 2 克，葱 1 根，姜 1 块，蒜 3 瓣，豆瓣酱 15 克，油 20 克

视觉享受：★★★
味觉享受：★★★★
操作难度：★★★

操作步骤

①将魔芋豆腐冲洗干净，切成块，入开水锅中焯一下，去掉碱味；葱、姜、蒜切末。

②炒锅放油，放入蒜末、姜末炒出香味，放豆瓣酱炒匀，加入少许水大火烧开，将魔芋豆腐入锅，加精盐、鸡精，然后改小火炖，使魔芋豆腐入味。

③锅里的汤汁快干时关火，装盘撒上葱末即可。

操作要领

魔芋不易入味，要用小火炖一会儿。

营养贴士

此菜具有降糖、防治高血压的功效。

164

视觉享受：★★★★　味觉享受：★★★　操作难度：★★

油炸山药

TIME　10分钟

菜品特点

香甜可口

● **主料：** 山药 500 克

● **配料：** 白糖 100 克，植物油 400 克（约耗 35 克）

操作步骤

①将山药用水洗净泥沙，刮去外皮，切成长条状，用水泡一会儿，捞出沥干。

②锅内放入植物油，烧至四成热时，将切好的山药块放入油内炸，待山药熟透外皮呈浅黄色时捞出装盘，撒上白糖即可。

操作要领　◀◀◀

山药刮皮后，必须另用清水洗涤浸泡，否则表面容易变色。

营养贴士

此菜具有益气养血的功效。

● **主料：** 腐皮、西红柿各 300 克

● **配料：** 植物油 500 克，白糖 3 克，酱油 10 克，蘑菇精、精盐各 5 克

操作步骤　◀

①腐皮解冻，用凉水泡 2 分钟，捞出挤掉水分，切成粗丝；西红柿切块。

②起锅热多些植物油，倒入腐皮，用小火把腐皮煎炒至金黄，盛出备用。

③另起锅，热少许油，把切好的西红柿倒入锅中翻炒，用精盐、白糖、酱油、蘑菇精调味，并加入少量水分，倒入煎好的腐皮一起翻炒到汤汁收干即可。

操作要领　◀◀◀

注意把握火候。

营养贴士

此菜具有补血养血的功效。

视觉享受：★★★★　味觉享受：★★★　操作难度：★★

西红柿腐皮

TIME　20分钟

菜品特点

香味浓郁

视觉享受：★★★★
味觉享受：★★★
操作难度：★★★

黑椒牛柳

TIME 40 分钟

菜品特点
肉质鲜嫩
香味浓郁

● **主料：** 牛柳 400 克

● **配料：** 植物油 500 克，洋葱、红椒、青椒各 40 克，精盐、味精、蚝油、吉士粉各 5 克，酱油 15 克，鸡蛋液 20 克，淀粉、上汤各适量，蒜末 5 克，黑胡椒、老抽各 10 克

操作步骤

①将牛柳洗净去筋斜刀切成大厚片，用刀拍松放容器中，用精盐、味精、酱油、吉士粉、鸡蛋液、淀粉拌匀腌入味；一部分洋葱、红椒、青椒切小块；另一小部分洋葱切末；黑胡椒拍碎。

②锅内放植物油上火烧热，将洋葱末、蒜末下入锅内爆香，加黑胡椒碎、蚝油、老抽、上汤烧滚，用淀粉勾芡做成调味汁。

③锅中留底油，烧至七成热时下牛柳，煎至八成

熟倒入漏勺中，将牛柳放进洋葱、青椒、红椒垫底的盘中，上桌时浇上调味汁即可。

操作要领

腌渍牛柳的酱汁要多，牛柳吸收后口感才会更鲜嫩。

营养贴士

此菜具有补中益气、健胃开胃的功效。